Kohling   CE-Konformitätskennzeichnung

CE-Konformitäts-kennzeichnung

EMV-Richtlinie und EMV-Gesetz
Anforderungen an Hersteller
und Auswirkungen auf Produkte

Von Anton Kohling

3. aktualisierte und erweiterte Auflage, 1996

Publicis MCD Verlag VDE-VERLAG GMBH

Die Deutsche Bibliothek – CIP-Einheitsaufnahme

Kohling, Anton:
CE-Konformitätskennzeichnung : EMV-Richtlinie und EMV-Gesetz ;
Anforderungen an Hersteller und Auswirkungen auf Produkte /
von Anton Kohling. [Hrsg.: Siemens-Aktiengesellschaft]. –
3., aktualisierte und erw. Aufl. – Erlangen ; München : Publicis-MCD-Verl. ;
Berlin ; Offenbach : VDE-Verl., 1996
   ISBN 3-89578-051-0 (Publicis MCD)
   ISBN 3-8007-2183-X (VDE-Verl.)

ISBN 3-89579-051-0 (Publicis MCD)
ISBN 3-8007-2183-X (VDE-VERLAG GMBH)

Herausgeber: Siemens Aktiengesellschaft
Verlag: Publicis MCD Verlag, Erlangen
© 1995 by Publicis MCD Werbeagentur GmbH, Verlag, München,
und VDE-VERLAG GMBH, Berlin und Offenbach
Das Werk einschließlich aller seiner Teile ist urheberrechtlich geschützt.
Jede Verwendung außerhalb der engen Grenzen des Urheberrechtsgesetzes
ist ohne Zustimmung des Verlags unzulässig und strafbar. Das gilt
insbesondere für Vervielfältigungen, Übersetzungen, Mikroverfilmungen,
Bearbeitungen sonstiger Art sowie für die Einspeicherung und Verarbeitung
in elektronischen Systemen. Dies gilt auch für die Entnahme von einzelnen
Abbildungen und bei auszugsweiser Verwertung von Texten.
Printed in the Federal Republic of Germany

Vorwort

Der Rat der EU hat beschlossen, daß die Industrieerzeugnisse, die unter die technischen Harmonisierungsrichtlinien fallen, erst dann in Verkehr gebracht werden können, wenn der Hersteller auf ihnen die CE-Kennzeichnung angebracht hat.

Das bedeutet, ohne CE-Kennzeichnung kann im europäischen Binnenmarkt fast kein technisches Produkt plaziert werden – also ohne CE-Kennzeichnung kein Verkauf. Was ist zu tun, damit „neue" und „alte" Produktserien im EU-Binnenmarkt in Verkehr gebracht werden dürfen?

In dem Buch werden, aufbauend auf den z. Zt. gültigen gesetzlichen Bedingungen, die Anforderungen „an" und die Auswirkungen „auf" Hersteller und Importeure von technischen Produkten aufgezeigt.

Hintergründe der CE-Kennzeichnung werden genannt, die Thematik anhand der EMV-Richtlinie beispielhaft aufbereitet und Konsequenzen sowie notwendiger Handlungsbedarf – auch Kosten – angesprochen.

Eingegangen wird auf Sinn und Zweck der CE-Kennzeichnung nach der neuen Konzeption auf dem Gebiet der technischen Harmonisierung und Normung. Das globale Konzept für die Konformitätsbewertung und die daraus resultierenden Regeln für die Anbringung und Verwendung der CE-Konformitätskennzeichnung sowie die Module für die Konformitätsbewertungsverfahren werden zusammenfassend skizziert.

Die Definition des „Inverkehrbringens" eines Produktes unterscheidet sich wesentlich von dem in der Industrie gebräuchlichen Begriff der „Markteinführung" eines neuen Produktes. Das Inverkehrbringen bezieht sich auf jedes „einzelne" unter die Richtlinie fallende Erzeugnis, und zwar unabhängig davon, wann und wo das Erzeugnis hergestellt und ob es als Einzelstück oder in Serie gefertigt worden ist. D. h. auch sogenannte „Altprodukte" sind bzgl. EMV zu kennzeichnen, wenn sie nach dem 01.01.1996 weiterhin auf den EU-Binnenmarkt gebracht werden.

Erlangen, im April 1996　　　　　　　　　　　　　　　Publicis MCD Verlag

Inhaltsverzeichnis

1	**EU-Binnenmarkt**	9
2	**New Approach**	11
3	**Global Approach**	14
3.1	Regeln für die Anbringung und Verwendung der CE-Konformitätskennzeichnung	14
3.2	Modul-Beschluß	15
4	**Technische Harmonisierungsrichtlinien mit CE-Kennzeichnung**	20
5	**Akkreditierung und Zertifizierung**	22
6	**EMV-Richtlinie und EMV-Gesetz**	24
6.1	Schutzanforderungen	24
6.2	EG-Konformitätserklärung und CE-Kennzeichnung	25
6.3	Konformitätsbewertungsverfahren	27
6.3.1	Aufgaben der „Zuständigen Stellen" (ZS)	32
6.4	Marktüberwachung	35
6.5	Übergangsfristen	37
6.6	Inverkehrbringen	37
6.7	EMV-Gesetz	39
7	**Technische Anforderungen – Normen zur Sicherstellung der EMV**	44
7.1	Europa-Normen	44
7.1.1	Basic Standards; Grundnormen	45
7.1.2	Generic Standards, Fachgrundnormen	46
7.1.2.1	Wohnbereiche, Geschäfts- und Gewerbebereiche sowie Kleinbetriebe	51
7.1.2.2	Industriebereich	51
7.1.3	Produkt- und Produktfamilien-Normen	54
7.2	Amtsblatt der EG bzw. des BMPT	54
7.3	Publication IEC 1000-X-Y	56

8	**Auswirkungen auf Hersteller und Produkte**	59
8.1	EMV-Produktplanung	60
8.2	Relative Produktkosten	61
8.3	Investitionen für ein Prüflabor	62
8.4	Dienstleistungen zur Sicherstellung der EMV	64
8.5	Handlungsbedarf	68
9	**Konformitätsbewertung der EMV von Maschinen**	69
9.1	Anforderungen	69
9.2	Typprüffähige Maschinen	70
9.3	Nicht-typprüffähige Maschinen	70
9.4	Typenvielfalt	72
9.5	Änderungen, Zusätze, Erweiterungen	72
9.6	Prüfmatrix	72
9.7	Grundsätzliches	76
9.8	Konformitätserklärung	76
10	**Zusammenfassung**	77
11	**Adressenliste**	78
11.1	Zuständige Behörde	78
11.2	Benannte Stelle	78
11.3	Zuständige Stellen in Deutschland	78

Literaturverzeichnis 81

Stichwortverzeichnis 84

1 EU-Binnenmarkt

Der Binnenmarkt ist ein Raum ohne innere Grenzen, in dem der freie Verkehr von Waren, Personen und Dienstleistungen und Kapital gewährleistet ist [5].

Zur Verwirklichung dieser Idee zum 1. Januar 1993 mußten auch technische Handelshemmnisse zwischen den Mitgliedstaaten abgebaut werden. Dazu dienen folgende Maßnahmen [1].

▷ Angleichung der nationalen Rechtsvorschriften durch technische Harmonisierungsrichtlinien und Umsetzung dieser EG-Richtlinien in nationales Recht der Mitgliedstaaten.

▷ Harmonisierung der nationalen Normenwerke mit den Europa Normen (EN).

▷ Aufbau eines europäischen Akkreditierungs-, Prüf- und Zertifizierungssystems, durch das die Prüfungen in den verschiedenen Mitgliedstaaten vergleichbar werden und somit die Voraussetzung für die gegenseitige Anerkennung von Prüfberichten und Zertifikaten gegeben ist.

Die erstgenannte Maßnahme wurde durch die 1985 beschlossene Neue Konzeption (New Approach), wonach EG-Richtlinien zur Harmonisierung keine technischen Details mehr beinhalten, sondern lediglich grundlegende Schutzanforderungen global beschreiben, den Geltungsbereich definieren und die Konformitätsbewertungsverfahren festlegen, zügig vorangetrieben.

Zur Harmonisierung und Rechtsangleichung verfügt die EU über folgende Rechtsakte:

▷ Verordnung
Die Verordnung, die als „Gesetz der EU" bezeichnet werden kann, ist in allen Teilen verbindlich und gilt in allen Mitgliedstaaten ohne weitere Zustimmung der nationalen Gesetzgebungsorgane. Sie hat grundsätzlich Vorrang vor nationalem Recht.

▷ Richtlinie
Die Richtlinie, das „Rahmengesetz der EU", richtet sich an die Mitgliedstaaten und muß von diesen bis zu einem festgesetzten Datum in nationales Recht umgesetzt werden. Sie ist ein klassisches Instrument der Rechtsangleichung. Die in der Richtlinie formulierten Schutzanforderungen sind für die Mitgliedstaaten verbindlich.

▷ Entscheidung
Die Entscheidung ist nur für die in ihr Bezeichneten verbindlich. Als Bezeichnete können Einzelstaaten, juristische oder natürliche Personen gelten. Sie regelt einen konkreten Einzelfall.

▷ Empfehlung
Die Empfehlung ist rechtlich unverbindlich und wird häufig zur Darstellung einer bestimmten Politik benutzt.

▷ Sonstige Rechtsakte
In den Verträgen sind noch weitere Handlungen mit unterschiedlichen Bezeichnungen vorgesehen.

2 New Approach

Mit der neuen Konzeption [2] wurden die Richtlinien vom detaillierten technischen Inhalt befreit und die Ausarbeitung der technischen Anforderungen den europäischen Normenorganisationen übertragen. Damit wurden neben den Behörden alle betroffenen Kreise wie Hersteller, Benutzer, Verbraucher usw. beteiligt und somit die Harmonisierung und der Abbau technischer Handelshemmnisse beschleunigt. Als Leitlinie für die neue Konzeption gelten folgende, auszugsweise wiedergegebene, Grundprinzipien und Begründungen:

▷ Die Harmonisierung der Rechtsvorschriften beschränkt sich auf die Festlegung der grundlegenden Sicherheitsanforderungen (oder sonstigen Anforderungen im Interesse des Gemeinwohls) im Rahmen von Richtlinien nach Artikel 100a des EWG-Vertrages, denen die in den Verkehr gebrachten Erzeugnisse genügen müssen.

▷ Den für die Industrienormung zuständigen Gremien CEN, CENELEC und ETSI wird die Aufgabe übertragen, entsprechende technische Spezifikationen (Normen) auszuarbeiten.

In Bild 1 ist die Rechtsangleichung und Normenharmonisierung zu sehen.

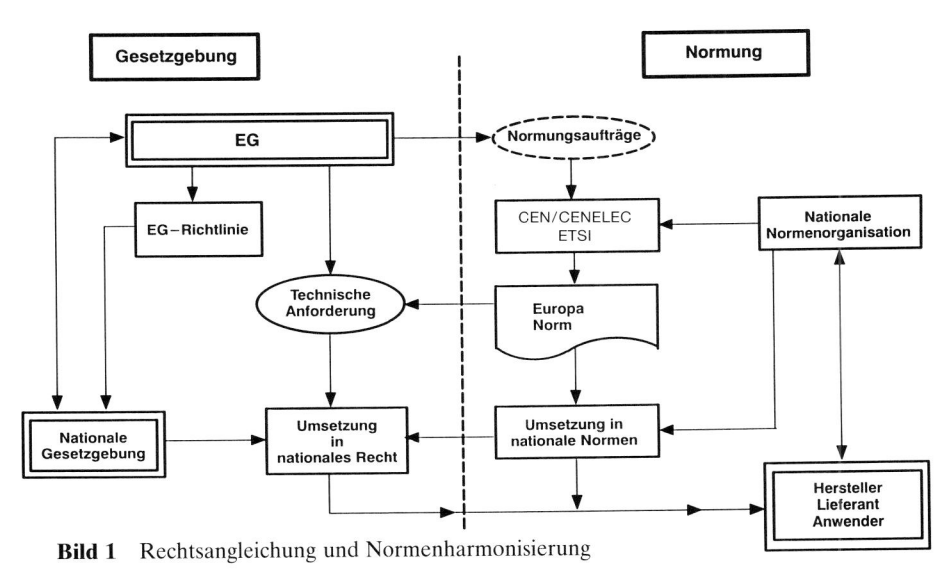

Bild 1 Rechtsangleichung und Normenharmonisierung

Es muß also unterschieden werden zwischen den Aktivitäten der Normungsorganisationen und den gesetzgebenden Organen auf nationaler und europäischer Ebene.

Die Entstehung von Richtlinien und Gesetzen ist unabhängig von den Tätigkeiten der Normenorganisationen. Allerdings werden technische Harmonisierungsrichtlinien erst durch die dazugehörigen Normen mit Leben erfüllt. Damit die zeitliche Korrelation zwischen Richtlinie und Normung erreicht wird, ergeht jeweils ein Mandat von der Kommission an CEN, CENELEC oder ETSI, womit die zuständige Normenorganisation beauftragt wird, die zur technischen Umsetzung der Richtlinie notwendigen Normen rechtzeitig auszuarbeiten. Ist die Norm verabschiedet und als gültige Europa Norm (EN) vorhanden, wird diese nach entsprechenden Prozeduren im Amtsblatt der Europäischen Gemeinschaften veröffentlicht. Erst nach dieser Listung im Amtsblatt gilt die Norm für die Anwendung unter der jeweiligen Richtlinie als harmonisierte Europäische Norm. Die Mitgliedstaaten müssen die EN oder die in das nationale Normenwerk übertragene EN in ihrem Hoheitsbereich ebenfalls der Öffentlichkeit angeben. Soviel zur Harmonisierung der Rechtsvorschriften.

Für die Ausarbeitung elektrotechnischer Normen ist CENELEC, das „Europäische Komitee für Elektrotechnische Normung", zuständig. Die nationalen Normungsorganisationen folgender Länder sind Mitglieder von CENELEC:

Österreich, Belgien, Schweiz, Deutschland, Dänemark, Spanien, Finnland, Frankreich, Großbritannien, Griechenland, Irland, Island, Italien, Luxemburg, Niederlande, Norwegen, Portugal und Schweden.

CEN und CENELEC haben 1995 gemeinsam ein neues Abstimmungsverfahren eingeführt. Dieses neue Verfahren soll sowohl die EU-Erweiterung berücksichtigen als auch den möglichen Beitritt nationaler Komitees osteuropäischer Staaten zu CENELEC oder CEN.

Die einzelnen nationalen Komitees haben, wie in der EU, eine unterschiedliche Anzahl gewichteter Stimmen.

Jeweils zehn gewichtete Stimmen haben Deutschland, Frankreich, Großbritannien und Italien. Spanien verfügt über acht gewichtete Stimmen. Über fünf gewichtete Stimmen verfügen Belgien, Schweiz, Niederlande, Griechenland und Portugal. Österreich und Schweden wurden nach dem neuen Verfahren nur noch je vier gewichtete Stimmen zugesprochen. Drei gewichtete Stimmen haben Dänemark, Irland, Norwegen und Finnland. Luxemburg hat zwei und Island eine gewichtete Stimme (Stand 10/95).

Zur Annahme einer EN müssen zwei Bedingungen erfüllt sein:

1. Die Anzahl der nationalen Komitees, die mit „ja" gestimmt haben, muß größer sein als diejenigen, die mit „nein" gestimmt haben.

2. 71 % der abgegebenen gewichteten Stimmen sind positiv.

Wird eine Norm auf der Basis dieser Kriterien angenommen, besteht eine Übernahmeverpflichtung für alle nationalen Komitees.

Erfolgt eine Ablehnung des Normentwurfes, werden in einem zweiten Durchgang nur die Stimmen der EWR-Mitgliedstaaten nach obigem Schema ausgewertet. Ergibt diese zweite Zählung ein positives Resultat, so besteht eine Übernahmeverpflichtung für die nationalen Komitees aller EWR-Staaten und für die „Nicht"-EWR-Staaten, die mit „ja" gestimmt haben. Bereits bestehende nationale Normen, die im Widerspruch zu einer EN stehen, müssen von dem nationalen Komitee zurückgezogen werden.

Mit der Annahme einer EN werden folgende drei Daten festgelegt:
▷ latest date of announcement of the EN at national level **d o a**
▷ latest date of publication of an identical national standard **d o p**
▷ latest date of withdrawal of conflicting national standards **d o w**

Das deutsche nationale Komitee ist die „Deutsche Elektrotechnische Kommission im DIN und VDE (DKE)".

3 Global Approach

Als logische Fortsetzung der neuen Konzeption ist das Gesamtkonzept [3] für die Konformitätsbewertung anzusehen. Es schafft die Bedingungen für die grundsätzliche gegenseitige Anerkennung der Konformitätsnachweise, sowohl im reglementierten als auch im nicht-reglementierten Bereich. Die Anwendung der Normenserien EN 29000 für die Qualitätssicherung und EN 45000 für die benannten Stellen und die nationalen Akkreditierungs- und Zertifizierungssysteme wurde vorgegeben. Aus dieser Vorgabe resultiert der Modul-Beschluß [4].

3.1 Regeln für die Anbringung und Verwendung der CE-Konformitätskennzeichnung

Mit dem Beschluß 90/683/EWG, dem Vorläufer von [4], hat der Rat der EG vorgesehen, daß die Industrieerzeugnisse, die unter die technischen Harmonisierungsrichtlinien fallen, erst dann in Verkehr gebracht werden können, wenn der Hersteller auf ihnen die CE-Kennzeichnung angebracht hat.

Zur Verdeutlichung dieser Idee der CE-Kennzeichnung seien nachfolgend einige der Leitlinien für die Anbringung und Verwendung der CE-Kennzeichnung [4] im Tenor zitiert.

▷ Mit der CE-Kennzeichnung wird die Konformität mit allen Verpflichtungen bescheinigt, die der Hersteller in bezug auf das Erzeugnis aufgrund der Gemeinschaftsrichtlinien hat, in denen ihre Anbringung vorgesehen ist.

▷ Die CE-Kennzeichnung auf Industrieerzeugnissen bedeutet, daß die natürliche oder juristische Person, die die Anbringung durchführt oder veranlaßt, sich vergewissert hat, daß das Erzeugnis alle Gemeinschaftsrichtlinien zur vollständigen Harmonisierung erfüllt und allen vorschriftsmäßigen Konformitätsbewertungsverfahren unterzogen worden ist.

▷ Die CE-Kennzeichnung wird gut sichtbar, leserlich und dauerhaft auf dem Produkt angebracht. Falls die Art des Produktes dies nicht zuläßt, wird sie auf der Verpackung (falls vorhanden) und den Begleitunterlagen angebracht.

▷ Die CE-Kennzeichnung erfolgt im Verlauf der Produktionsüberwachungsphase.

▷ Die CE-Kennzeichnung wird von dem Hersteller oder seinem in der Gemeinschaft ansässigen Bevollmächtigten oder in Ausnahmefällen von dem für das Inverkehrbringen des Produktes auf dem Gemeinschaftsmarkt Verantwortlichen angebracht.

▷ Die Mitgliedstaaten müssen jeden Mißbrauch der CE-Kennzeichnung unterbinden.

▷ Wurde die CE-Kennzeichnung unberechtigterweise angebracht, ist der Hersteller oder sein in der Gemeinschaft ansässiger Bevollmächtigter verpflichtet, das Produkt wieder in Einklang mit den Konformitätsbestimmungen zu bringen.
Falls die Nichtübereinstimmung weiterbesteht, muß der Mitgliedstaat alle geeigneten Maßnahmen ergreifen, um das Inverkehrbringen des betreffenden Produkts einzuschränken oder zu untersagen bzw. um zu gewährleisten, daß es vom Markt zurückgezogen wird.

Dies sind einige Aussagen zur CE-Kennzeichnung im Modul-Beschluß [4], die jeweiligen Feinheiten sind in den Einzelrichtlinien aufgeführt.

Immer wieder stellt sich die Frage: Für was steht CE? Es ist mir bis heute noch nicht gelungen auf die Ursprungsquelle in den EG-Papieren zu stoßen. Aber in verschiedenen Veröffentlichungen ist die Abkürzung erläutert, so z. B. in [17], danach steht CE für Communauté Européenne – Europäische Gemeinschaft.

3.2 Modul-Beschluß

Zum Nachweis der Richtlinienkonformität enthalten die einzelnen Richtlinien verschiedene Konformitätsbewertungsverfahren, welche weitestgehend auf den im Modul-Beschluß aufgeführten Verfahren beruhen sollen. Allerdings fehlt in den meisten Einzelrichtlinien der direkte Verweis auf den Modulbeschluß. Bevor auf die Anwendung und Inhalte der einzelnen Module eingegangen wird, sollen einige Aussagen zu den Konformitätsbewertungsverfahren vorangestellt werden.

▷ Hauptziel eines Konformitätsbewertungsverfahrens ist es, die Behörde in die Lage zu versetzen, sich zu vergewissern, daß die in Verkehr gebrachten Produkte insbesondere in bezug auf den Gesundheitsschutz und die Sicherheit der Benutzer und Verbraucher den Anforderungen der Richtlinien gerecht werden.

▷ In der Regel sollte ein Produkt auf der Produktentwurfs- und Produktfertigungsstufe kontrolliert werden. Bei positiven Ergebnissen kann es anschließend in den Verkehr gebracht werden.

Bild 2 zeigt in einer vergleichenden Übersicht in Stichworten die Inhalte der einzelnen Module.

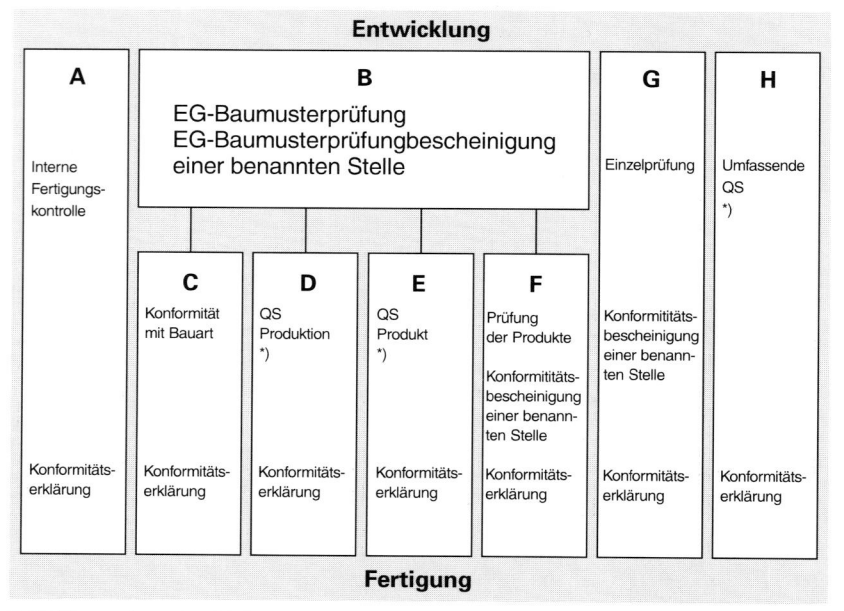

	Entwicklung		
A Interne Fertigungs-kontrolle	**B** EG-Baumusterprüfung EG-Baumusterprüfungbescheinigung einer benannten Stelle	**G** Einzelprüfung	**H** Umfassende QS *)
	C Konformität mit Bauart	**D** QS Produktion *)	**E** QS Produkt *)	**F** Prüfung der Produkte Konformititäts-bescheinigung einer benann-ten Stelle	Konformititäts-bescheinigung einer benann-ten Stelle	
Konformitäts-erklärung	Konformitäts-erklärung	Konformitäts-erklärung	Konformitäts-erklärung	Konformitäts-erklärung	Konformitäts-erklärung	Konformitäts-erklärung
	Fertigung		

*) EG-Überwachung des QS-Systems durch eine benannte Stelle

Bild 2 Konformitätsbewertungsverfahren im Rahmen des Gemeinschaftsrechtes

Krönender Abschluß eines jeden Konformitätsbewertungsverfahrens ist die in eigener Verantwortung ausgestellte EG-Konformitätserklärung des Herstellers und die eigenverantwortliche Anbringung der CE-Kennzeichnung. Die Module nennen die Berechtigungsvoraussetzungen für diese Handlungen.

Modul A (Interne Fertigungskontrolle)

Modul A betrifft sowohl die Entwurfs- als auch die Produktionsphase. Es beschreibt das Konformitätsbewertungsverfahren, bei dem der Hersteller, ohne Hinzuziehung Dritter, sicherstellt und mit der EG-Konformitätserklärung bescheinigt, daß die betreffenden Produkte die für sie geltenden Anforderungen der Richtlinie erfüllen. Des weiteren bringt der Hersteller an jedem Produkt die CE-Kennzeichnung an. Auch hält er eine technische Unterlage für die einzelstaatlichen Behörden zur Verfügung. Diese Unterlagen müssen eine Bewertung bzgl. der Übereinstimmung des Produkts mit den Anforderungen der Richtlinie ermöglichen. Der Hersteller trifft alle erforderlichen Maßnahmen, damit das Fertigungsverfahren die Übereinstimmung der Produkte mit obigen technischen Unterlagen und den Anforderungen der Richtlinien gewährleistet.

Modul Aa beschreibt mögliche Zusatzforderungen bzgl. der Überprüfung des Produkts durch eine benannte Stelle.

Modul B (EG-Baumusterprüfung)

Dieses Modul bezieht sich nur auf die Entwurfsphase und muß durch ein Modul der Produktionsphase ergänzt werden.

Modul B beschreibt den Teil des Konformitätsbewertungsverfahrens, bei dem eine benannte Stelle prüft und mit der EG-Baumusterprüfbescheinigung bestätigt, daß ein für die betreffende Produktion repräsentatives Muster den Vorschriften der einschlägigen Richtlinie entspricht.

Der Hersteller ist verpflichtet, die benannte Stelle über alle Änderungen am zugelassenen Produkt zu unterrichten, die eine neue Zulassung zur Folge haben.

Die EG-Baumusterprüfbescheinigung ist vom Hersteller aufzubewahren.

Modul C (Konformität mit der Bauart)

Dieses Modul bezieht sich nur auf die Produktionsphase und kann nur in Verbindung mit der Baumusterprüfbescheinigung nach Modul B durchgeführt werden [6].

Dieses Modul beschreibt den Teil des Konformitätsbewertungsverfahrens, bei dem der Hersteller sicherstellt und erklärt, daß die betreffenden Produkte der in der EG-Baumusterprüfbescheinigung beschriebenen Bauart entsprechen (also dem für die Serie repräsentativen, geprüften Baumuster) und die Anforderungen der für sie geltenden Richtlinien erfüllen. Desweiteren bringt der Hersteller an jedem Produkt die CE-Kennzeichnung an und stellt eine schriftliche Konformitätserklärung aus.

Zusatzbestimmungen bzgl. des Einschaltens einer benannten Stelle können in den Einzelrichtlinien festgelegt werden.

Modul D (Qualitätssicherung Produktion)

Dieses Modul bezieht sich nur auf die Produktionsphase und kann nur in Verbindung mit dem Modul B oder der Entwurfsphase von Modul A durchgeführt werden. Dazu muß der Hersteller ein zugelassenes Qualitätssicherungssystem für Herstellung, Endabnahme und Prüfung unterhalten. Das QS-System wird von einer benannten Stelle bewertet (zertifiziert) und überwacht.

Der Hersteller bringt an jedem Produkt die CE-Kennzeichnung unter Hinzufügung der Kennummer der benannten Stelle, die die EG-Überwachung seines QS-System durchführt, an und stellt eine schriftliche Konformitätserklärung aus.

Modul E (Qualitätssicherung Produkt)

Dieses Modul bezieht sich wie Modul D nur auf die Produktionsphase und kann ebenfalls nur in Verbindung mit Modul B oder der Entwurfsphase von

Modul A durchgeführt werden. Dazu muß der Hersteller ein zugelassenes Qualitätssicherungssystem für Endabnahme und Prüfung unterhalten. Das QS-System wird von einer benannten Stelle bewertet (zertifiziert) und überwacht. Im Rahmen des Qualitätssicherungssystems wird jedes Produkt vom Hersteller geprüft.

Der Hersteller bringt an jedem Produkt die CE-Kennzeichnung unter Hinzufügung der Kennummer der benannten Stelle, die die EG-Überwachung seines QS-Systems durchführt, an und stellt eine schriftliche Konformitätserklärung aus.

Modul F (Prüfung der Produkte)

Dieses Modul bezieht sich wie die Module D und E nur auf die Produktionsphase und kann nur in Verbindung mit dem Modul B oder der Entwurfsphase von Modul A durchgeführt werden.

Dieses Modul beschreibt das Verfahren, bei dem die Prüfungen zum Nachweis der Richtlinienkonformität entweder durch Kontrolle und Erprobung jedes einzelnen Produktes oder durch Kontrolle und Erprobung auf statistischer Grundlage durch eine benannte Stelle erfolgen. Die benannte Stelle stellt eine schriftliche Konformitätsbescheinigung über die vorgenommenen Prüfungen aus. Die Kennummer der benannten Stelle wird durch diese oder in ihrer Verantwortung auf dem Produkt angebracht.

Der Hersteller bringt an jedem Produkt die CE-Kennzeichnung an und stellt eine Konformitätserklärung aus.

Modul G (Einzelprüfung)

Dieses Modul betrifft sowohl die Entwurfs- als auch die Produktionsphase.

Dieses Modul beschreibt das Verfahren, bei dem der Hersteller sicherstellt und erklärt, daß das Produkt, für das die benannte Stelle nach entsprechenden Prüfungen eine Konformitätsbescheinigung ausgestellt hat, die einschlägigen Anforderungen der Richtlinie erfüllt.

Der Hersteller bringt die CE-Kennzeichnung an dem von der benannten Stelle geprüften Produkt an und stellt eine Konformitätserklärung aus.

Die benannte Stelle bringt ihre Kennummer an dem zugelassenen Produkt an oder läßt diese anbringen und stellt eine Konformitätsbescheinigung über die durchgeführten Prüfungen aus.

Modul H (Umfassende Qualitätssicherung)

Dieses Modul betrifft sowohl die Entwurfs- als auch die Produktionsphase. Dazu muß der Hersteller ein zugelassenes Qualitätssicherungssystem für Entwurf, Herstellung sowie Endabnahme und Prüfung unterhalten.

Das QS-System wird von einer benannten Stelle bewertet (zertifiziert) und überwacht.

Der Hersteller bringt an jedem Produkt die CE-Kennzeichnung unter Hinzufügung der Kennummer der benannten Stelle, die die EG-Überwachung seines QS-Systems durchführt, an und stellt eine schriftliche Konformitätserklärung aus.

Die Richtlinie kann den Hersteller verpflichten, eine benannte Stelle mit der Konformitätsprüfung des Entwurfes des Produktes zu beauftragen. Nach erfolgreicher Prüfung stellt die benannte Stelle eine EG-Entwurfsprüfbescheinigung aus.

Zusammenfassend beinhalten alle Module der Produktionsphase folgende grundlegenden Verpflichtungen des Herstellers:

▷ Der Hersteller bringt in eigener Verantwortung die CE-Kennzeichnung an und stellt ebenfalls in eigener Verantwortung die Konformitätserklärung aus.

▷ Der Hersteller trifft alle erforderlichen Maßnahmen, damit der Fertigungsprozeß die Übereinstimmung der Produkte mit den für sie geltenden Anforderungen der Richtlinie gewährleistet.

Obige Auszüge aus dem Modulbeschluß sollen nur das Prinzip veranschaulichen. Details müssen dem Originaltext entnommen werden.

4 Technische Harmonisierungsrichtlinien mit CE-Kennzeichnung

Die CE-Kennzeichnung bestätigt die Übereinstimmung mit den Anforderungen aller für das Produkt zutreffenden EG-Richtlinien, die nach dem „New Approach" („neue Konzeption") erstellt wurden. D. h. der Hersteller muß sich informieren, von welchen EG-Richtlinien sein Produkt betroffen ist. Beispielsweise hat die CE-Kennzeichnung eines Kartenspiels nichts mit EMV zu tun, es ist also keine Angabe über die Elektromagnetische Verträglichkeit des Kreuz-Buben oder des Eichel-Ober, sondern zeigt die Übereinstimmung des Kartenspiels mit der Spielzeugrichtlinie an. In Tabelle 1 sind die zur Zeit veröffentlichten Richtlinien angegeben, die nach dem „New Approach" erstellt wurden und alle die CE-Kennzeichnung der betroffenen Produkte fordern. In diesen Richtlinien wird die Anbringung der CE-Kennzeichnung unterschiedlich gehandhabt, deshalb wurde eine Richtlinie über die Vereinheitlichung der Anbringung und Verwendung der CE-Kennzeichnung von Industrieerzeugnissen erlassen [7]. Auch die Umstellung der „Niederspannungsrichtlinie" (NSR) auf die CE-Kennzeichnung wurde mit dieser Richtlinie vorgegeben.

Unterschiedliche Übergangsfristen der einzelnen Richtlinien führen vor allem dann zu zusätzlicher Verwirrung, wenn Produkte von mehreren Richtlinien betroffen sind. Hersteller und Importeure sind gehalten, ihrer Holschuld bzgl. Information nachzukommen (Tabelle 1). Desweiteren gibt die Tabelle 1 einen Überblick bzgl. der anzuwendenden Module. Wie bereits erwähnt, ist in den Richtlinien nicht auf den Modulbeschluß verwiesen, sondern die zum Teil produktabhängigen Konformitätsbewertungsverfahren sind jeweils beschrieben. Da auch Abweichungen bestehen, ist die Angabe in Tabelle 1 nur als grobe Information anzusehen; die gültigen Verfahren sind den Einzelrichtlinien zu entnehmen. Eine Richtliniensammlung wurde vom ZVEI [14] herausgegeben, in der auch die Gesetze bzw. Gesetzesvorlagen zur nationalen Umsetzung der Richtlinien in Deutschland angegeben sind. Ein weiteres Werk ist als Loseblattsammlung aufgebaut, die nach Angaben der Verfasser kontinuierlich aktualisiert werden soll [15].

Tabelle 1 New-Approach-Richtlinien nach Artikel 100a des EWG-Vertrages

EG-Richtlinien mit CE-Kennzeichnung	anzuwenden ab	Übergangsfrist bis	Zugelassene Module [16]*)
einfache Druckbehälter (87/404/EWG; 90/488/EWG)	01.07.1990		B, C, F
Sicherheit von Spielzeug (88/378/EWG)	01.01.1990		A, B
Bauprodukte (89/106/EWG)	27.06.1991		A, B, D
elektromagnetische Verträglichkeit (89/336/EWG)/(92/31/EWG)	01.01.1992	31.12.1995	A, B, C
Maschinensicherheit (89/392/EWG)/ (91/368/EWG)/(93/44/EWG)	01.01.1993	31.12.1994	A, B
Persönliche Schutzausrüstung (89/686/EWG; 93/95/EWG)	01.07.1992		A, B, D, E
nichtselbsttätige Waagen (90/384/EWG)	01.01.1993	31.12.2002	B, C, D, G
aktive implantierbare medizinische Geräte (90/385/EWG)	01.01.1993	31.12.1994	B, D, F, H
Gasverbrauchseinrichtungen (90/396/EWG)	10.01.1992	31.12.1995	B, C, D, E, F
Telekommunikationsendgeräte (91/263/EWG)	06.11.1992		B, C, D, H
Warmwasserheizkessel (92/42 EWG)	01.01.1993	31.12.1997	B, C, D, E
Explosivstoffe für zivile Zwecke (93/15/EWG)	?	?	?
Medizinprodukte (93/42/EWG)	01.01.1995	14.06.1998	B, D, F, H
NSR (73/23/EWG und 93/68/EWG)	01.01.1995	31.12.1996	A
EX-Schutz (94/9/EG; 94/26/EG)	01.03.1996; ?	30.06.2003; ?	A, B, C, D, E, F, G; ?
Sportboote (94/25/EG)	?	?	?
Aufzüge (95/16/EG)	?	?	?

*) abhängig vom Produkt

5 Akkreditierung und Zertifizierung

Die Erfahrung aus der täglichen Diskussion zeigt: Die Begriffe Akkreditierung und Zertifizierung werden umgangssprachlich oft synonym benutzt, obwohl sie doch sehr unterschiedliche Vorgänge beschreiben.

Ohne auf die feinen Unterschiede wie „gesetzlich geregelter Bereich", „nicht gesetzlich geregelter, privatwirtschaftlicher Bereich" und die dazugehörigen nationalen und europäischen Systeme für Akkreditierung, Prüfung und Zertifizierung einzugehen, möchte ich nachfolgend den Versuch unternehmen, die Begriffe „Akkreditierung" und „Zertifizierung" mit dem Verständnis eines Elektrotechnikers am Beispiel von Produkten aufzubereiten (Bild 3).

Als Grundlage dient die Normenreihe DIN EN 45000, in der die Anforderungen an Prüflaboratorien, Akkreditierungs- und Zertifizierungsstellen sowie Konformitätserklärungen festgeschrieben sind. Zwecks der flüssigeren sprachlichen Darstellung werden die Begriffe nachfolgend nicht wortgetreu zitiert.

▷ Unter der Akkreditierung eines Prüflabors versteht man die formelle Anerkennung der Kompetenz eines Prüflaboratoriums, bestimmte Prüfungen durchzuführen.

```
                    ┌─────────────────────────┐
                    │  Akkreditierungsstelle  │
                    └─────────────────────────┘
                                 │
                            akkreditiert
                                 │
                ┌────────────────┴────────────────┐
    ┌───────────────────────┐         ┌───────────────────────┐
    │   Prüflaboratorium    │         │  Zertifizierungsstelle │
    └───────────────────────┘         └───────────────────────┘
                │                                 │
    prüft Produkte                    zertifiziert Produkte auf der Basis
    erstellt Prüfberichte             der Prüfergebnisse (Prüfberichte)
                                      akkreditierter Prüflaboratorien
```

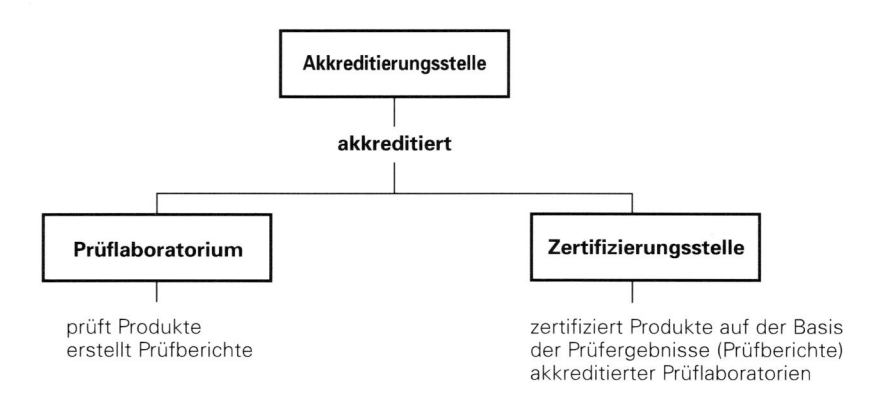

Bild 3
Vereinfachte Darstellung des Zusammenhangs zwischen Akkreditierung, Prüfung und Produktzertifizierung

▷ Sinngemäß entspricht die Akkreditierung einer Zertifizierungsstelle der formellen Anerkennung der Kompetenz einer Zertifizierungsstelle bestimmte Zertifizierungen durchzuführen.

Für die Tätigkeit im gesetzlich geregelten Bereich kann aus einer Zertifizierungsstelle eine „benannte Stelle" werden (notified body), wenn selbige von der „zuständigen Behörde" als solche „benannt" wurde.

▷ Die Zertifizierung der Konformität wird als die Maßnahme beschrieben, durch die ein unparteiischer Dritter aufzeigt, daß angemessenes Vertrauen besteht, daß ein Erzeugnis in Übereinstimmung mit einer bestimmten Norm ist.

▷ Dagegen ist die Konformitätserklärung des Herstellers die Feststellung eines Anbieters, der unter seiner alleinigen Verantwortung erklärt, daß ein Erzeugnis mit einer bestimmten Norm übereinstimmt.

In diesem Zusammenhang stellt sich immer die Frage: Wer ist neben dem unabhängigen Dritten der (un)abhängige Erste bzw. der Zweite? Erster ist der Hersteller, zweiter der Abnehmer – also der Kunde.

Nachfolgend sind die Teile der Normenreihe EN 45000 aufgelistet:

Tabelle 2 Normenreihe EN 45000

EN 45001	Allgemeine Kriterien zum Betreiben von Prüflaboratorien
EN 45002	Allgemeine Kriterien zum Begutachten von Prüflaboratorien
EN 45003	Allgemeine Kriterien für Stellen, die Prüflaboratorien akkreditieren
EN 45011	Allgemeine Kriterien für Stellen, die Produkte zertifizieren
EN 45012	Allgemeine Kriterien für Stellen, die Qualitätssicherungssysteme zertifizieren
EN 45013	Allgemeine Kriterien für Stellen, die Personal zertifizieren
EN 45014	Allgemeine Kriterien für Konformitätserklärungen von Anbietern

6 EMV-Richtlinie und EMV-Gesetz

Am Freitag, den 13. November 1992, wurde das „Gesetz über die elektromagnetische Verträglichkeit von Geräten (EMVG)" [8] in Kraft gesetzt und somit die EMV-Richtlinie der EG (89/336/EWG vom 3. Mai 1989) in deutsches Recht übertragen. EMV-Richtlinie, EMVG und die entsprechenden gesetzlichen Regelungen in den übrigen Mitgliedstaaten der EU deklarieren die EMV zum Schutzziel und schaffen somit für dieses Qualitätsmerkmal elektrischer und elektronischer Produkte eine einheitliche Situation im europäischen Binnenmarkt. Am 8. September 1995 wurde das „Erstes Gesetz zur Änderung des Gesetzes über die elektromagnetische Verträglichkeit von Geräten (1. EMVG ÄndG)" im Bundesgesetzblatt veröffentlicht [32].

6.1 Schutzanforderungen

Jedes elektrische und elektronische Gerät muß den Schutzanforderungen der EMV-Richtlinie genügen, wenn es innerhalb der EG in Verkehr gebracht wird oder in Betrieb genommen werden soll. Die Schutzanforderungen sind in Artikel 4 formuliert.

Geräte, die elektromagnetische Störungen verursachen können oder deren Betrieb durch diese Störungen beeinträchtigt werden kann, müssen entsprechende Bedingungen erfüllen:

▷ Die Erzeugung elektromagnetischer Störungen muß soweit begrenzt werden, daß ein bestimmungsgemäßer Betrieb von Funk-, Telekommunikations- sowie sonstigen Geräten möglich ist.

▷ Die Geräte müssen eine angemessene Festigkeit gegen elektromagnetische Störungen aufweisen, um einen bestimmungsgemäßen Betrieb zu gewährleisten.

Dabei ist der Definition von Geräten nach Artikel 1 besondere Beachtung zu widmen. Im Sinn dieser Richtlinie werden alle elektrischen und elektronischen Apparate, Anlagen und Systeme, die elektrische oder elektronische Bauteile enthalten, als Geräte bezeichnet.

In Anlage III der Richtlinie werden die Schutzanforderungen unter Hinweis auf noch zu erstellende Europa-Normen näher erläutert und folgende Einrichtungen, ohne Anspruch auf Vollständigkeit, ausdrücklich genannt:
a) private Ton- und Fernseh-Rundfunk-Empfänger
b) Industrieausrüstungen

- c) mobile Funkgeräte
- d) kommerzielle mobile Funk- und Funktelefongeräte
- e) medizinische und wissenschaftliche Apparate und Geräte
- f) informationstechnologische Geräte
- g) Haushaltsgeräte und elektronische Haushaltsausrüstungen
- h) Funkgeräte für die Luft- und Seeschiffahrt
- i) elektronische Unterrichtsgeräte
- j) Telekommunikationsnetze und -geräte
- k) Sendegeräte für Ton- und Fernsehrundfunk
- l) Leuchten und Leuchtstofflampen

6.2 EG-Konformitätserklärung und CE-Kennzeichnung

Die Bestimmungen über die EG-Konformitätserklärung und die CE-Konformitätskennzeichnung sind in Anhang I der Richtlinie enthalten und lauten [9, 10]:

Die EG-Konformitätserklärung muß folgendes enthalten:

▷ die Beschreibung des betreffenden Gerätes oder der betreffenden Geräte,

▷ die Fundstelle der Spezifikation, in bezug auf die die Übereinstimmung erklärt wird, sowie ggf. unternehmensinterne Maßnahmen, mit denen die Übereinstimmung der Geräte mit den Vorschriften der Richtlinie sichergestellt wird,

▷ die Angaben des Unterzeichners, der für den Hersteller oder seinen Bevollmächtigten rechtsverbindlich unterzeichnen kann,

▷ ggf. die Fundstelle der von einer gemeldeten Stelle ausgestellten EG-Baumusterbescheinigung.

CE-Konformitätskennzeichnung [5]:

▷ Die CE-Konformitätskennzeichnung besteht aus den Buchstaben „CE" mit folgendem Schriftbild:

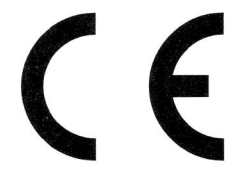

Bild 4 CE-Kennzeichnung

▷ Bei Verkleinerungen oder Vergrößerungen . . .

▷ Falls Geräte auch von anderen Richtlinien erfaßt werden, die andere Aspekte behandeln und in denen die CE-Konformitätskennzeichnung vorgesehen ist, wird mit dieser Kennzeichnung angegeben, daß auch von der Konformität dieser Geräte mit den Bestimmungen dieser anderen Richtlinie auszugehen ist.

▷ ... Angaben für CE-Kennzeichnung während der Übergangszeit verschiedener Richtlinien.

▷ Die verschiedenen Bestandteile der CE-Kennzeichnung müssen etwa gleich hoch sein; die Mindesthöhe beträgt 5mm.

Kriterien für Konformitätserklärungen von Herstellern bzw. Anbietern sind in DIN EN 45014 [11] formuliert. Die Konformitätserklärung selbst ist definiert als „die Feststellung eines Anbieters, der unter seiner alleinigen Verantwortung erklärt, daß ein Erzeugnis, Verfahren oder eine Dienstleistung mit einer bestimmten Norm oder einem anderen normativen Dokument übereinstimmt".

Diese Definition ist mit folgender Anmerkung versehen:

„Die Benennung Selbstzertifizierung sollte nicht mehr verwendet werden, um jede Verwechslung mit Zertifizierung zu vermeiden, worunter immer die Beteiligung eines (unparteiischen) Dritten verstanden werden soll."

Die allgemeinen Anforderungen an den Hersteller bzw. Anbieter sind in Abschnitt 4 der Norm [11] aufgeführt:

„Der Anbieter hat sämtliche Aktivitäten, die die Qualität der Produkte beeinflussen, so zu lenken, daß die Anforderungen der Normen oder der anderen normativen Dokumente erfüllt werden, auf die sich die Erklärung bezieht. Zu diesem Zweck muß der Anbieter über alle notwendigen Mittel zur Ausführung dieser Lenkung auf allen Stufen (z. B. Rohstoffe, Zulieferungen, Herstellung, Fertigprodukte oder Verpackung) verfügen. Es müssen Informationen über das Qualitätssicherungssystem des Anbieters und ggf. Prüfergebnisse zur Verfügung stehen."

Die EG-Konformitätserklärung ist niemandem zuzusenden, sie muß nur auf Verlangen der Behörde vorzeigbar sein [8, 9]. Sie ist über einen Zeitraum von zehn Jahren nach dem Inverkehrbringen des Produktes aufzubewahren. Also erst zehn Jahre, nachdem das letzte Exemplar eines Serienproduktes in Verkehr gebracht wurde, erlischt die Aufbewahrungspflicht für die EG-Konformitätserklärung.

Entsprechend dem EMVG ist der Aussteller der Konformitätserklärung in den dem Produkt mitgelieferten Unterlagen anzugeben. Nach dem aktuellen Stand der Meinungsbildung reicht es, die Anschrift der juristischen Personen anzugeben, um somit die Behörde in die Lage zu versetzen, den Aussteller aufsuchen zu können. Daraus folgt auch die Forderung, daß der Aussteller, sei es der Hersteller selbst oder sein Beauftragter oder der Importeur, in der Gemeinschaft niedergelassen sein muß, damit er der Rechtssprechung der Mitgliedstaaten zugänglich ist.

Im Zusammenhang mit der Konformitätserklärung ist der Begriff des Herstellers von besonderer Bedeutung:

„Hersteller ist derjenige, der für den Entwurf und die Fertigung eines der EMV-Richtlinie unterliegenden Produktes verantwortlich ist oder aus bereits gefertigten Endprodukten eine neues Produkt erstellt oder ein Produkt verändert, umbaut oder anpaßt."

In Bild 5 ist eine Konformitätserklärung beispielhaft abgebildet. Bild 6 zeigt den Anhang zur Konformitätserklärung mit der Auflistung der Normen, die von dem Produkt erfüllt werden.

6.3 Konformitätsbewertungsverfahren

Das CE-Kennzeichen wird nicht vergeben, auch kann man sich die CE-Kennzeichnung nicht irgendwo abholen. Die CE-Kennzeichnung ist vom Hersteller in alleiniger Verantwortung anzubringen, nachdem das Produkt der Konformitätsbewertung unterzogen und die Konformitätserklärung ausgestellt wurde.

Der Artikel 10 der EMV-Richtlinie [9] sieht drei verschiedene Konformitätsbewertungsverfahren eines Gerätes vor [12, 13] (Bild 7).

▷ Artikel 10 Absatz 1 beschreibt das Verfahren für Geräte, bei denen der Hersteller die harmonisierten Normen angewandt hat;

▷ Artikel 10 Absatz 2 beschreibt das Verfahren für Geräte, bei denen der Hersteller die Normen nicht oder nur teilweise angewandt hat oder für die keine Normen vorhanden sind;

▷ Artikel 10 Absatz 5 beschreibt das spezifische Verfahren für Sendefunkgeräte.

In [12] ist für die Wege nach 10.1 und 10.2 der EMV-Richtlinie jeweils Modul A angegeben und für die Sendefunkgeräte nach 10.5 die Module B und C. Bezüglich EMV fordert der Gesetzgeber für die Mehrzahl aller elektrotechnischen Erzeugnisse den Nachweis der Konformität in Übereinstimmung mit dem Modul A, dem Konformitätsbewertungsverfahren mit der Hersteller in alleiniger Verantwortung, ohne Einschaltung einer „Dritt-Prüfstelle", einer „Zertifizierungsstelle" oder wem auch immer, berechtigt ist, die CE-Kennzeichnung anzubringen und die EG-Konformitätserklärung auszustellen. Dies ist Pflicht, alle weiteren Spielvarianten sind Kür. Dieses eigenverantwortliche Handeln ist auch mit folgender Aussage im Modul-Beschluß zu bewerten:

„Es soll vermieden werden, in den Richtlinien unnötigerweise Module vorzuschreiben, die im Verhältnis zu den Zielen der betreffenden Richtlinie zu große Belastungen bedeuten."

SIEMENS

EG-Konformitätserklärung
Nr.

Bevollmächtigter: ....
....
....

Anschrift: ....
....
....

Hersteller: ....
....
....

Produktbezeichnung: ....
....
....

Das bezeichnete Produkt stimmt mit den Vorschriften folgender Richtlinien überein:

89/336/EWG Richtlinie des Rates zur Angleichung der Rechtsvorschriften der Mitgliedsstaaten über die elektromagnetische Verträglichkeit
geändert durch RL 91/263/EWG, 92/31/EWG und 93/68/EWG des Rates
Weitere Angaben über die Einhaltung dieser Richtlinie enthält Anhang EMV.

89/392/EWG Richtlinie des Rates zur Rechtsangleichung der Rechtsvorschriften der Mitgliedsstaaten für Maschinen
geändert durch RL 91/368/EWG, 93/44/EWG und 93/68/EWG des Rates
Weitere Angaben über die Einhaltung dieser Richtlinie enthält Anhang MSR.

Siemens Aktiengesellschaft
.... , den

....
Name, Funktion   Unterschrift   Name, Funktion   Unterschrift

Die Anhänge EMV und MSR sind Bestandteil dieser Erklärung.
Diese Erklärung bescheinigt die Übereinstimmung mit den genannten Richtlinien, ist jedoch keine Zusicherung von Eigenschaften.

Bild 5 Beispiel einer Vorlage für die EG-Konformitätserklärung

SIEMENS

Die Sicherheitshinweise der mitgelieferten Produktdokumentation sind zu beachten.

Anhang ((NSR / MSR / EMV))
zur EG-Konformitätserklärung
Nr. ....

Produktbezeichnung: ....
....
....
....

Die Übereinstimmung des bezeichneten Produkts mit den Vorschriften der Richtlinie .... wird nachgewiesen durch die vollständige Einhaltung folgender Normen:

harmonisierte Europäische Normen:

Referenznummer	Ausgabedatum	Referenznummer	Ausgabedatum
....	....	....	....
....	....	....	....
....	....	....	....
....	....	....	....
....	....	....	....

Nationale Normen (nach MSR Art. 5 Abs. 1 Satz 2):

Referenznummer	Ausgabedatum	Referenznummer	Ausgabedatum
....	....	....	....
....	....	....	....
....	....	....	....
....	....	....	....
....	....	....	....

Bild 6 Beispiel einer Vorlage für einen Anhang zur EG-Konformitätserklärung

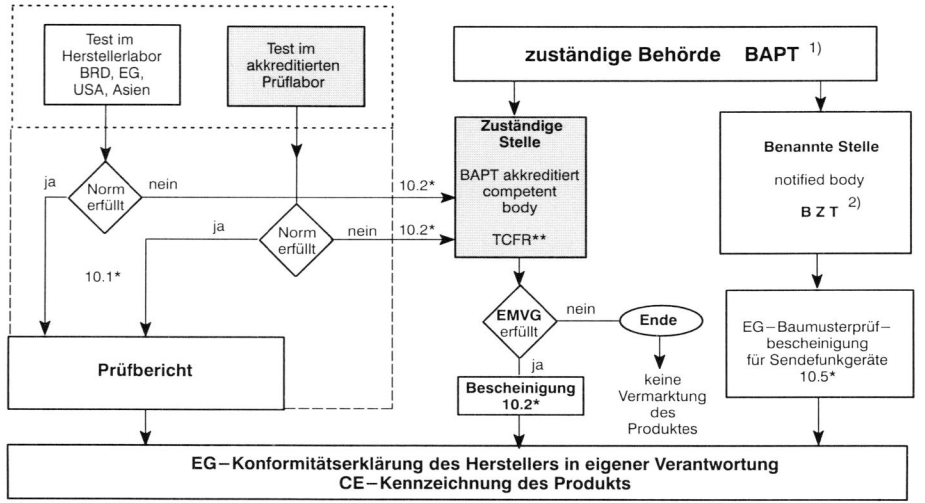

Bild 7
Wege zur CE-Kennzeichnung von Produkten nach der EMV-Richtlinie und dem EMVG

Hersteller und Verbraucher sollten diesen vom Gesetzgeber gewährten Freiraum zur Stärkung unserer Volkswirtschaft nutzen und auf die Inanspruchnahme unnötiger „Pseudo-Zertifikate" freiwilligen Verzicht üben.

Gibt es in Ausnahmefällen für ein spezielles Produkt keine zutreffende, im Amtsblatt der EG veröffentlichte Norm oder möchte der Hersteller in weitblickender Voraussicht für sein Produkt bereits die neuesten Entwürfe anwenden oder ist er aus welchen Gründen auch immer „nicht willens oder nicht fähig", die harmonisierten Normen zu erfüllen, kann er zur Konformitätsbewertung nach Artikel 10 Absatz 2 der EMV-Richtlinie die Dienste einer „Zuständigen Stelle" in Anspruch nehmen. Kommt die konsultierte „Zuständige Stelle" nach eingehender Analyse der eingereichten Unterlagen zu der Erkenntnis, daß die grundlegenden Schutzanforderungen der EMV-Richtlinie respektive des EMV-Gesetzes trotz obiger Gegebenheit von dem Erzeugnis erfüllt werden, stellt die „Zuständige Stelle" eine Bescheinigung aus, mit der die Einhaltung eben dieser Schutzanforderungen bestätigt wird. Dies ist die einzige vom Gesetzgeber übertragene Aufgabe einer Zuständigen Stelle.

Mit dieser Bescheinigung ist der Hersteller nun wiederum berechtigt, die EG-Konformitätserklärung eigenverantwortlich auszustellen und die CE-Kennzeichnung anzubringen. In der Vergangenheit wurde diese Bescheinigung von den deutschen „Zuständigen Stellen" mit dem wohlklingenden Namen „EG-Konformitätsbescheinigung" versehen. Im 1. EMV ÄndG [32] wird die Be-

Zuständige Stelle

SIEMENS AG
ZFE GR TN ZS
Postfach 3220
91050 Erlangen
Paul-Gossen-Straße 100

akkreditiert durch das
Bundesamt für Post und Telekommunikation

Bescheinigung einer Zuständigen Stelle im Sinne des §5 Abs.2 EMVG bzw. des Art.10 Abs.2 der EMV-Richtlinie
über die Einhaltung der EMV-Schutzanforderungen

Zertifikat-Nr.: ZS-BSG-05/95

Inhaber der Bescheinigung:	Fa. RIETER Spinnereimaschinen AG Friedrich-Ebert-Str. 84, D-85055 Ingolstadt
Hersteller:	Fa. RIETER Spinnereimaschinen AG Friedrich-Ebert-Str. 84, D-85055 Ingolstadt
Technischer Bericht, Datum:	AUT GT 25/95-68 vom 22.09.95
Objektbezeichnung:	Rotorspinnmaschine M1
Objektbeschreibung:	Doppelseitige Rotorspinnmaschine in Selektionsbauweise
Seitenzahl der Anlage:	9

Diese Bescheinigung wurde gemäß Artikel 10.2 der Richtlinie 89/336/EWG des Rates zur Angleichung der Rechtsvorschriften der Mitgliedstaaten über die Elektromagnetische Verträglichkeit, umgesetzt in Deutschland in das Gesetz über die elektromagnetische Verträglichkeit von Geräten vom 9. November 1992 (EMVG, §5.2), erstellt. Sie macht keine Aussagen in bezug auf die Schutzanforderungen zur elektromagnetischen Verträglichkeit nach anderen Rechtsvorschriften, die der Umsetzung anderer Richtlinien der Europäischen Gemeinschaft als der EMV-Richtlinie 89/336/EWG dienen.

Siemens Aktiengesellschaft   Erlangen, den 6. Oktober 1995

i.V. Linnert   i.V. [Unterschrift]
LINNERT, ZFE GR TN ZS
(Leiter der Zuständigen Stelle)   (stellv.Leiter der Zuständigen Stelle)

Bild 8
Beispiel für die Bescheinigung einer „Zuständigen Stelle" nach § 5 Abs. 2 des EMVG bzw. Artikel 10.2 der EMV-Richtlinie

zeichnung dieser Bescheinigung eindeutig vorgegeben. Sie soll die Bezeichnung „Bescheinigung einer zuständigen Stelle im Sinne des § 5 Abs. 2 EMVG bzw. des Artikels 10 Abs. 2 der EMV-Richtlinie" tragen (Bild 8).

Ein weiteres Konformitätsbewertungsverfahren basiert auf der Baumusterprüfung eines repräsentativen Musters aus der Produktion des Erzeugnisses und der „Baumuster(prüf)bescheinigung" einer „benannten Stelle". Diese Vorgehensweise nach Modul B in Kombination mit den Modulen C oder D ist im EMVG und Artikel 10 Abs. 5 der EMV-Richtlinie nur über die Konformitätsbewertung der EMV von Sendefunkgeräten gefordert. Einzige „benannte Stelle" in Deutschland, welche Baumuster(prüf)bescheinigungen für die EMV von Sendefunkgeräten ausstellen darf, ist das Bundesamt für Zulassungen in der Telekommunikation (BZT). Zu beachten ist, daß sich dieser gesetzliche Auftrag an die „benannte Stelle" eben nur auf die Konformitätsbewertung der EMV von Sendefunkgeräten bezieht. Für die Hersteller von Ident-Systemen ist es wichtig zu wissen, daß diese Produkte von der Behörde z. Zt. als Sendefunkgerät eingestuft werden.

Mit der Baumuster(prüf)bescheinigung ist der Hersteller berechtigt, für baugleiche Produkte die EG-Konformitätserklärung auszustellen und die CE-Kennzeichnung anzubringen. Eine Produktionsüberwachung durch die „benannte Stelle" ist entsprechend Modul C nicht vorgesehen.

6.3.1 Aufgaben der „Zuständigen Stellen" (ZS)

Bild 7 zeigte bereits eine Besonderheit der EMV-Richtlinie, in der es neben dem „notified body" („benannte Stelle" [7], „gemeldete Stelle" [9]) auch den „competent body", die sogenannte „Zuständige Stelle", gibt. Die Aufgabe einer „Zuständigen Stelle" sind in der EMV-Richtlinie [9] und im EMVG [8] beschrieben.

Nach § 2 Nr. 8 des EMVG
„ist die ‚Zuständige Stelle' die Stelle, die technische Berichte oder Bescheinigungen im Sinne des § 5 Abs. 2 über die Einhaltung der Schutzanforderungen ausstellt".

Nicht mehr und nicht weniger!

Der § 5 Abs. 2 des EMVG sagt

... „bei Geräten, bei denen der Hersteller die in § 4 Abs. 2 genannten Normen nicht oder nur teilweise angewandt hat, oder für die keine Normen vorhanden sind, hat derjenige, der die Geräte in den Verkehr bringt, für das BAPT ... eine technische Dokumentation aufzubewahren. Darin ist das Gerät zu beschreiben und ..., ferner soll die technische Dokumentation einen technischen Bericht oder eine Bescheinigung enthalten, mit der die Einhaltung der Schutzanforderung gemäß § 4 Abs. 1 bestätigt wird. Der technische Bericht oder die Bescheinigung darf nur von einer ‚Zuständigen Stelle' im Sinne des § 2 Nr. 8 ausgefertigt oder anerkannt sein. Die ...".

Die EG-Richtlinie hat die EMV zum Schutzziel erklärt.

D. h. die EMV muß in dem System Europa und in all seinen Untersystemen erreicht werden. Das Erreichen dieses Zustandes wird vermutet, wenn alle elektrischen Einrichtungen die Anforderungen der im Europäischen Amtsblatt veröffentlichten Normen erfüllen. Diese Normen werden von CENELEC auf der Basis von IEC-Normen erstellt. Somit beruht der Zustand der Elektromagnetischen Verträglichkeit im System „Europa" auf dem in Jahrzehnten gewachsenen Wissensschatz erfahrener Normungsmitarbeiter aus allen Bereichen interessierter Kreise wie Industrie, Verbraucher, Behörden, Universitäten, Rundfunkanstalten, EVUs, Prüflabors usw..

Die anspruchsvolle Aufgabe einer „Zuständigen Stelle" ist es also, zu überprüfen und sicherzustellen, daß die EMV im System „Europa" auch dann noch erreicht wird, wenn ein Hersteller für ein bestimmtes Produkt nicht alle im Amtsblatt angegebenen relevanten Normen erfüllt. Dazu bedarf es einer hohen fachlichen Kompetenz der „Zuständigen Stelle", wie es auch in der englischen Bezeichnung zum Ausdruck kommt. Diese fachliche Kompetenz ist bei erfahrenen, seit Jahrzehnten tätigen EMV-Systemplanern zu finden.

In der Bundesrepublik Deutschland werden die „Zuständigen Stellen" von der Akkreditierungsstelle des BAPT akkreditiert und im Amtsblatt des BMPT veröffentlicht. Die Akkreditierungskriterien sind an die EN 45011 angelehnt [18].

Bei der Analyse und Bewertung der Produkte bzgl. der grundlegenden Schutzanforderungen der EMV-Richtlinie bzw. des EMVG müssen die vom BAPT akkreditierten „Zuständigen Stellen" auf Prüfberichte von akkreditierten Prüflabors zurückgreifen oder sich davon überzeugen, daß in dem Labor die entsprechende Fachkompetenz vorhanden ist und die Abläufe und Verfahren von EN 45001 [19] berücksichtigt werden.

Der nachfolgende Auszug aus dem Merkblatt einer „Zuständigen Stelle" [29] zeigt den Umfang der für die Beurteilung notwendigen Unterlagen. Es sind im wesentlichen die Unterlagen, die nach dem Gesetz auch für die Behörde zur möglichen Einsichtnahme aufbewahrt werden müssen.

Die „Zuständigen Stellen" haben die Pflicht, nachweislich nachzufragen, ob der Kunde für das gleiche Produkt bereits die Konformitätsbewertung bei einer anderen „Zuständigen Stelle" beantragt hat bzw. hat durchführen lassen. Sollte sich herausstellen, daß die Beurteilung durch die erste „Zuständige Stelle" negativ war bzw. Schwierigkeiten verursachte, so hat die zweite „Zuständige Stelle" in der Expertengruppe der deutschen „Zuständigen Stellen" eine Klärung herbeizuführen.

Kundeninformation; Merkblatt der „Zuständigen Stelle"

1) Wann brauchen Sie eine „Zuständige Stelle"?

Sie brauchen eine Zuständige Stelle, wenn folgende Voraussetzungen zutreffen:

Ihr Produkt fällt unter den Geltungsbereich des EMV-Gesetzes und ist CE-kennzeichnungspflichtig, aber

Sie haben die im Amtsblatt der EG gelisteten harmonisierten Normen nicht oder nur teilweise angewandt.

Für Ihr Produkt wurden keine Normen im Amtsblatt der EG veröffentlicht.

Sie wollen Ihr Produkt nach den neusten Normentwürfen entwickeln und fertigen, jedoch kann bis zur Veröffentlichung der Normen noch geraume Zeit vergehen.

2) Was müssen Sie tun, wenn Sie die „Zuständige Stelle" einschalten wollen?

Sie müssen eine Technische Dokumentation über Ihr Produkt erstellen und für das Bundesamt für Post und Telekommunikation (BAPT), als zuständige Behörde, für den Zeitraum von zehn Jahren nach dem Inverkehrbringen des (letzten) Produkts einer Serie aufbewahren.

Die Technische Dokumentation ist durch einen Technischen Bericht oder eine Bescheinigung einer „Zuständigen Stelle" zu ergänzen.

Da sich die Bescheinigung nur auf das vorgestellte Muster bezieht, haben Sie selbst für die erforderlichen Qualitätssicherungsmaßnahmen in der Serienproduktion zu sorgen. Die Zuständige Stelle übernimmt keine Serienüberwachung.

Sie müssen sich vergewissern, ob Ihr Produkt noch unter weitere EG-Richtlinien fällt, die die CE-Kennzeichnung vorsehen, da Sie mit Anbringung der CE-Kennzeichnung im Rahmen der EG-Konformitätserklärung des Herstellers die Einhaltung aller für Ihr Produkt relevanten EG-Richtlinien erklären.

3) Was muß Ihre Technische Dokumentation enthalten?

Produktbeschreibung
Entwürfe, Fertigungszeichnungen, Schaltpläne usw.
Beschreibung der Funktionsweise des Produkts
Beschreibung der getroffenen EMV-Maßnahmen zur Erfüllung der grundlegenden Schutzanforderungen
Prüfergebnisse
Prüfberichte

4) Wie hilft Ihnen die Zuständige Stelle?

Die Zuständige Stelle bescheinigt Ihnen, wenn zutreffend, die Einhaltung der grundlegenden Schutzanforderungen, falls Sie die im Amtsblatt der EG gelisteten harmonisierten europäischen Normen (EN) nicht oder nur teilweise angewandt haben oder falls für Ihr Produkt keine entsprechenden Normen existieren.

5) Was braucht die Zuständige Stelle von Ihnen?

Produktbeschreibung
Funktionsbeschreibung
Verwendungszweck
Betriebsort
Einbauvorschriften
Schaltpläne
Blockschaltbilder
Stücklisten
Layoutpläne
Bestückungspläne
Konstruktions- und Fertigungszeichnungen
Beschreibung der getroffenen EMV-Maßnahmen
Prüfbericht eines akkreditierten EMV-Labors mit Prüfaufbauten
Liste der verwendeten Normen
Verzeichnis der obigen Unterlagen mit Bezeichnung, Identnummern und Ausgabedaten
Juristisch verbindliche Erklärung, daß die gemachten Angaben für das im EMV-Labor geprüfte Muster gelten

6) Was kostet Sie die Bescheinigung?

Der Umfang und die Komplexität der notwendigen Beurteilung und des damit erforderlichen Zeitaufwandes sind stark von dem jeweiligen Produkt abhängig und können deshalb nur sehr schwer pauschaliert werden.

Wir sind selbstverständlich bereit, Ihnen nach entsprechender Vorklärung ein individuelles Angebot zu erstellen.

6.4 Marktüberwachung

Die Marktüberwachung obliegt der zuständigen Behörde. Entsprechend § 6 EMVG ist diese das Bundesamt für Post und Telekommunikation (BAPT). Die ausdrücklich genannten Aufgaben des BAPT sind [8]:

1. In den Verkehr gebrachte Geräte auf Einhaltung der Schutzanforderungen zu prüfen;

2. Elektromagnetische Unverträglichkeiten, insbesondere bei Funkstörungen, aufzuklären und Abhilfemaßnahmen in Zusammenarbeit mit den Beteiligten zu veranlassen;

3. Einzelaufgaben auf Grund der EMV-Richtlinie und anderer EG-Richtlinien in bezug auf die EMV gegenüber der Kommission und den Mitgliedstaaten der EG wahrzunehmen.

Entspricht ein Gerät nicht den Anforderungen des EMVG, so trifft das BAPT alle erforderlichen Maßnahmen, um das Inverkehrbringen oder Betreiben dieses Gerätes zu verhindern oder zu beschränken bzw. das Inverkehrbringen des Gerätes rückgängig zu machen.

Desweiteren ist die Kommission unverzüglich von der Maßnahme und den Gründen zu unterrichten. Ist die Beanstandung berechtigt, unterrichtet die Kommission die Mitgliedstaaten, die jeweils in ihrem Hoheitsbereich entsprechend zu reagieren haben.

Verstöße gegen das EMVG gelten als Ordnungswidrigkeit und können mit Geldbußen bis zu 100 000,- DM geahndet werden.

Ordnungswidrig handelt, wer vorsätzlich oder fahrlässig

▷ Geräte in Verkehr bringt, die nicht den Schutzanforderungen entsprechen.
▷ Geräte in Verkehr bringt, die nicht mit der CE-Kennzeichnung versehen sind.
▷ Geräte in Verkehr bringt, ohne eine EG-Konformitätserklärung ausgestellt zu haben.
▷ Geräte, die nicht den harmonisierten Normen entsprechen, ohne Bescheinigung einer zuständigen Stelle in Verkehr bringt.
▷ Sendefunkgeräte ohne Baumusterprüfbescheinigung einer benannten Stelle in Verkehr bringt.
▷ Geräte in Verkehr bringt, die nicht den Schutzanforderungen aller in einschlägigen Normen benannten elektromagnetischen Umgebungsbedingungen entsprechen, ohne ihnen Informationen über die für den Betrieb zu beachtenden Einschränkungen beizufügen.
▷ Geräte an Orten, für die sie nicht ausreichend entstört sind, ohne Genehmigung des BMPT oder BAPT betreibt.
▷ Geräte, die nicht den Schutzanforderungen entsprechen, ausstellt, ohne auf ihnen eine Hinweis bzgl. der Nichteinhaltung der Schutzanforderungen anzubringen.
▷ Geräte unberechtigt mit CE kennzeichnet.
▷ Dem BAPT eine gewünschte Auskunft nicht, nicht richtig, nicht vollständig oder nicht rechtzeitig erteilt oder wer dem BAPT den Zutritt zu seinen Geschäftsräumen usw. verweigert.

Geräte, die nicht den Schutzanforderungen entsprechen, die nicht den geforderten Konformitätsbewertungsverfahren unterzogen wurden oder die nicht mit CE gekennzeichnet sind, können eingezogen werden.

Bei einem Verstoß erhebt das BAPT zusätzlich Gebühren für seine Amtshandlungen.

Diese Regelungen liegen in der Hoheit der Mitgliedstaaten und sind somit nicht EU-einheitlich. So sind z. B. in England die max. Geldstrafen geringer, dafür wird aber im Extremfall mit Gefängnis bis zu drei Monaten gedroht [20].

6.5 Übergangsfristen

Das ursprünglich vorgesehene Datum für die Inkraftsetzung der EMV-Richtlinie, der 1. Januar 1992, konnte aus verschiedenen Gründen nicht realisiert werden. Deshalb wurde den Herstellern zur Anpassung ihrer Produkte an den neuen Rechtsstand eine weitere Übergangsfrist bis zum 31.12.1995 gewährt [10].

Während der Übergangsfrist bis zum 31.12.1995 konnten Hersteller in Deutschland zwischen drei Anforderungen wählen. Nach Ablauf der Übergangsfrist ist nun seit dem 1. Januar 1996 nur noch die einheitlich europäische Lösung entsprechend dem EMVG bzw. der EMVR möglich.

Zwar dürfen Geräte, die bis zu dem 31.12.95 in Verkehr gebracht wurden, unverändert weiter betrieben werden, aber Geräte, die nach dem 1. Januar 1996 in Verkehr gebracht wurden bzw. werden, müssen die CE-Kennzeichnung tragen, auch wenn sie lange vorher entwickelt worden sind und vor 1996 schon Tausende verkauft wurden.

6.6 Inverkehrbringen

Obige Aussage bzgl. „Altprodukten" wird bestätigt durch die Definition des „Inverkehrbringens" und Kommentaren zur Definition.

Die Definition lautet [21]:

„Die erstmalige entgeltliche oder unentgeltliche Bereitstellung eines unter die Richtlinie auf dem Markt der Gemeinschaft fallenden Produkts zum Zweck seines Vertriebs und/oder seines Gebrauchs auf dem Gebiet der Gemeinschaft."

Die nachfolgende Auswahl von Kommentaren zum Inverkehrbringen dient zur Verdeutlichung des Vorganges [22].

▷ „Das Inverkehrbringen bezieht sich auf jedes einzelne unter die Richtlinie fallende Erzeugnis, das bereits existiert und fertiggestellt ist und das in Betrieb genommen oder benutzt werden soll, und zwar unabhängig davon, wann und wo das Erzeugnis hergestellt und ob es als Einzelstück oder in Serie gefertigt worden ist.

▷ Ein Erzeugnis wird in den Verkehr gebracht, wenn es zum ersten Mal die Fertigung innerhalb der Gemeinschaft verläßt bzw. aus einem Drittland eingeführt worden ist und in den Vertrieb und/oder zur Benutzung auf dem Gemeinschaftsmarkt gelangt.

▷ Daher findet das Inverkehrbringen in dem Moment statt, wo der Hersteller bzw. sein in der Gemeinschaft niedergelassener Beauftragter oder der Importeur das Erzeugnis an Groß-, Einzel- oder Zwischenhändler zum Vertrieb auf dem Gemeinschaftsmarkt weitergibt oder es dem Endverbraucher bzw. -benutzer direkt anbietet.

▷ Fertigt ein Hersteller ein unter die Richtlinie fallendes Erzeugnis für seinen eigenen Gebrauch bzw. zur eigenen Benutzung an, so wird das Erzeugnis in den Verkehr gebracht, wenn es in Betrieb genommen oder zum ersten Mal benutzt wird. Es muß daher in diesem Moment sämtlichen Bestimmungen der Richtlinie entsprechen."

Leider finden sich diese Aussagen in den veröffentlichten Papieren in dieser Form nicht wieder. In dem „Leitfaden für die Anwendung der nach dem Neuen Konzept und dem Gesamtkonzept verfaßten Gemeinschaftsrichtlinien zur technischen Harmonisierung" [33] findet man folgende Aussage:

▷ Befindet sich ein Produkt im Lager des Herstellers oder des Importeurs, gilt es grundsätzlich als nicht in den Verkehr gebracht, sofern die jeweilige Richtlinie keine anders lautenden Bestimmungen enthält.

In welchem Unfang diese Aussage mit der Definition der erstmaligen Bereitstellung eines Produktes kollidiert, müssen gegebenenfalls die Juristen klären.

Das Inverkehrbringen schließt folgende Fälle nicht ein [21]:

▷ Die Abtretung des Produktes vom Hersteller an seinen in der Gemeinschaft niedergelassenen Bevollmächtigten, der damit beauftragt ist, alles Notwendige zu unternehmen, um das Produkt mit der Richtlinie in Übereinstimmung zu bringen.

▷ Die Einfuhr in die Gemeinschaft zum Zweck der Wiederausfuhr, z. B. im Rahmen des Veredelungsverkehrs.

▷ Die Herstellung des Produktes innerhalb der Gemeinschaft zum Zweck der Ausfuhr in ein Drittland.

▷ Die Ausstellung des Produkts auf Messen oder Ausstellungen.

Für die Zwecke der Richtlinie kann das Inverkehrbringen innerhalb der Gemeinschaft vom Hersteller selbst oder von seinem in der Gemeinschaft niedergelassenen Bevollmächtigten durchgeführt werden. Ist weder der Hersteller noch sein Bevollmächtigter in der Gemeinschaft niedergelassen, so ist jede Person, die das Gerät in der Gemeinschaft in Verkehr bringt (z. B. der Importeur), verpflichtet, die EG-Konformitätserklärung und/oder die technische Unterlage für die zuständige Behörde bereitzuhalten.

Im Zusammenhang mit dem Inverkehrbringen wird laufend der Hersteller genannt. Nach EMVG [8] ist der

„Hersteller derjenige, der für den Entwurf und die Fertigung eines der EMV-Richtlinie unterliegenden Produktes verantwortlich ist oder aus bereits gefertigten Endprodukten ein neues Produkt erstellt oder ein Produkt verändert, umbaut oder anpaßt."

Wer also aus einer Handvoll Baugruppen eine Steuerung zusammenbaut, ist Hersteller dieser Steuerung und für diese in vollem Umfang verantwortlich. Baut ein Werkzeugmaschinenbauer seine Maschine mit Komponenten, Steuerung und Antrieben von Unterauftragnehmern oder Zulieferern zusammen, ist immer der Werkzeugmaschinenbauer der Hersteller der Werkzeugmaschine und somit für diese verantwortlich. D. h. verwendet ein Hersteller für die Herstellung seines Produktes vorgefertigte Bauteile und -elemente, verliert er nicht die Eigenschaft und somit nicht die Verpflichtung als Hersteller für sein Produkt.

Als Hersteller unterliegt er folgenden Verpflichtungen und ist für deren Erfüllung verantwortlich [21]:

Entwurf und Fertigung des Produktes in Übereinstimmung mit den in der Richtlinie festgelegten Schutzanforderungen.

Beachtung der Verfahren zur Bescheinigung der Konformität des Produkts mit den in der Richtlinie festgelegten Schutzanforderungen.

6.7 EMV-Gesetz

Das seit 13. 11. 1992 geltende „Gesetz über die elektromagnetische Verträglichkeit von Geräten (EMVG)" [8] und das 1. EMVG ÄndG [32] setzen die EMV-Richtlinie 89/336/EWG [9] und die Änderungsrichtlinie 92/31/EWG [10] in deutsches Recht um. In der Bundesrepublik Deutschland sind Gesetze zur Funk-Entstörung seit über 40 Jahren Realität. Mit dem EMVG werden nun vom Gesetzgeber auch Anforderungen an die Störfestigkeit von Produkten gestellt, deren Anwendung bisher allein in der Verantwortung des Herstellers lag.

Das EMV-Gesetz gilt wie die EMV-Richtlinie für alle elektrischen und elektronischen Apparate, Anlagen und Systeme, die elektrische oder elektronische Bauteile enthalten, die elektromagnetische Störungen verursachen können oder deren Betrieb durch diese Störungen beeinträchtigt werden kann. Es regelt die Bedingungen für das Inverkehrbringen, Ausstellen und Betreiben der genannten elektrischen Einrichtungen.

Die Übereinstimmung von elektrischen und elektronischen Produkten mit den Vorschriften (Schutzanforderungen) des EMVG ist, wie in der EG-Richtlinie angegeben, vom Hersteller oder von seinem in der EG niedergelassenen Bevollmächtigten durch eine EG-Konformitätserklärung zu bescheinigen und die CE-Konformitätskennzeichnung „CE" auf dem Produkt oder den Begleitpapieren anzubringen. Des weiteren sind in § 5 des EMVG Ausnahmeregelungen für Zulieferteile zur Weiterverarbeitung durch Industrie und Handwerk sowie für Anlagen und Netze aufgeführt. Diese Ausnahmeregelungen gelten nicht für selbständig betreibbare Geräte und nicht für allgemein erhältliche elektrische und elektronische Produkte. Wobei der Begriff „allgemein erhältlich" für Grenzfälle noch einer juristischen Klärung bedarf. Bild 9 zeigt in

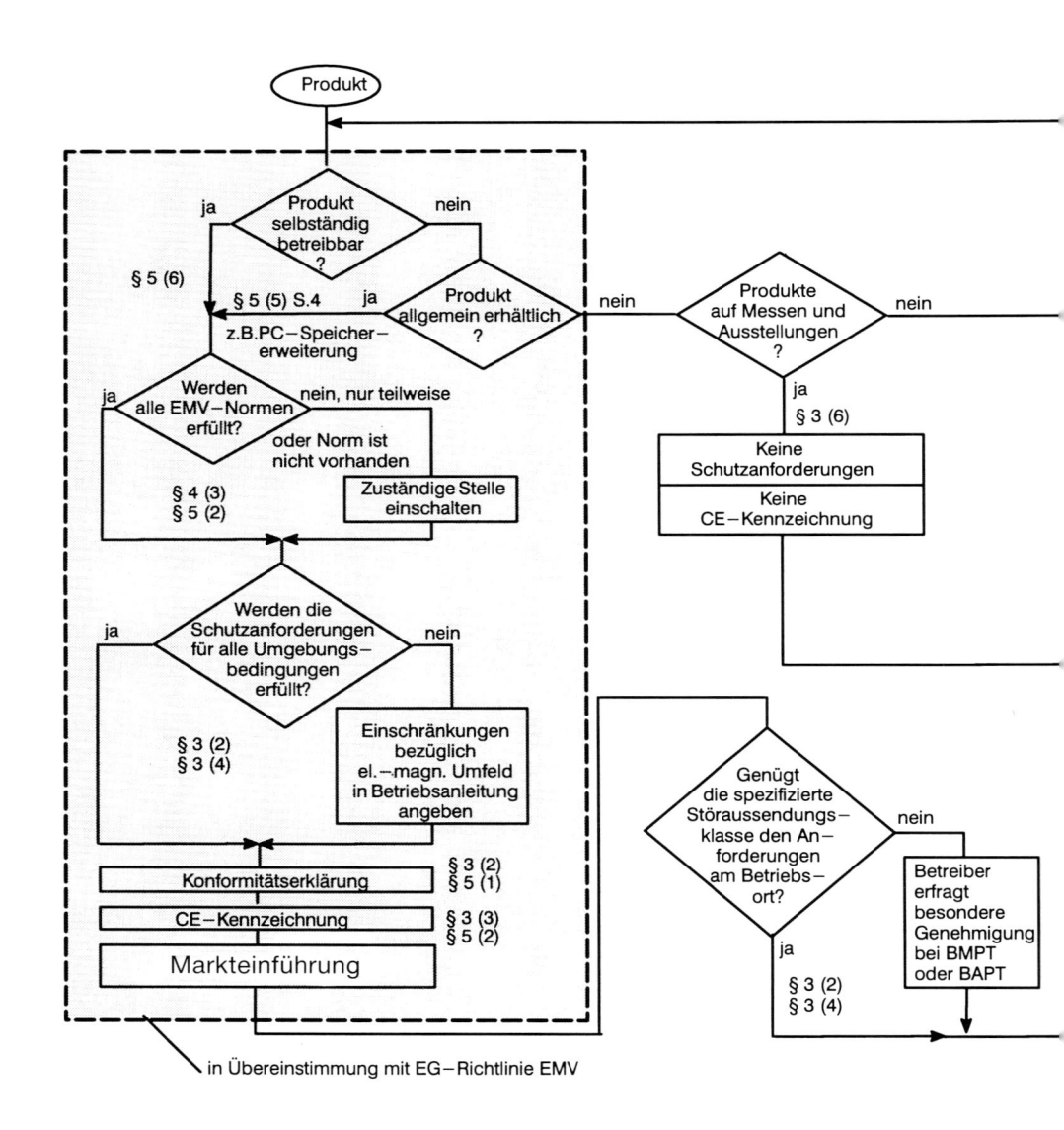

Bild 9 Behandlung von Produkten nach dem EMVG (ohne Sendefunkgeräte)

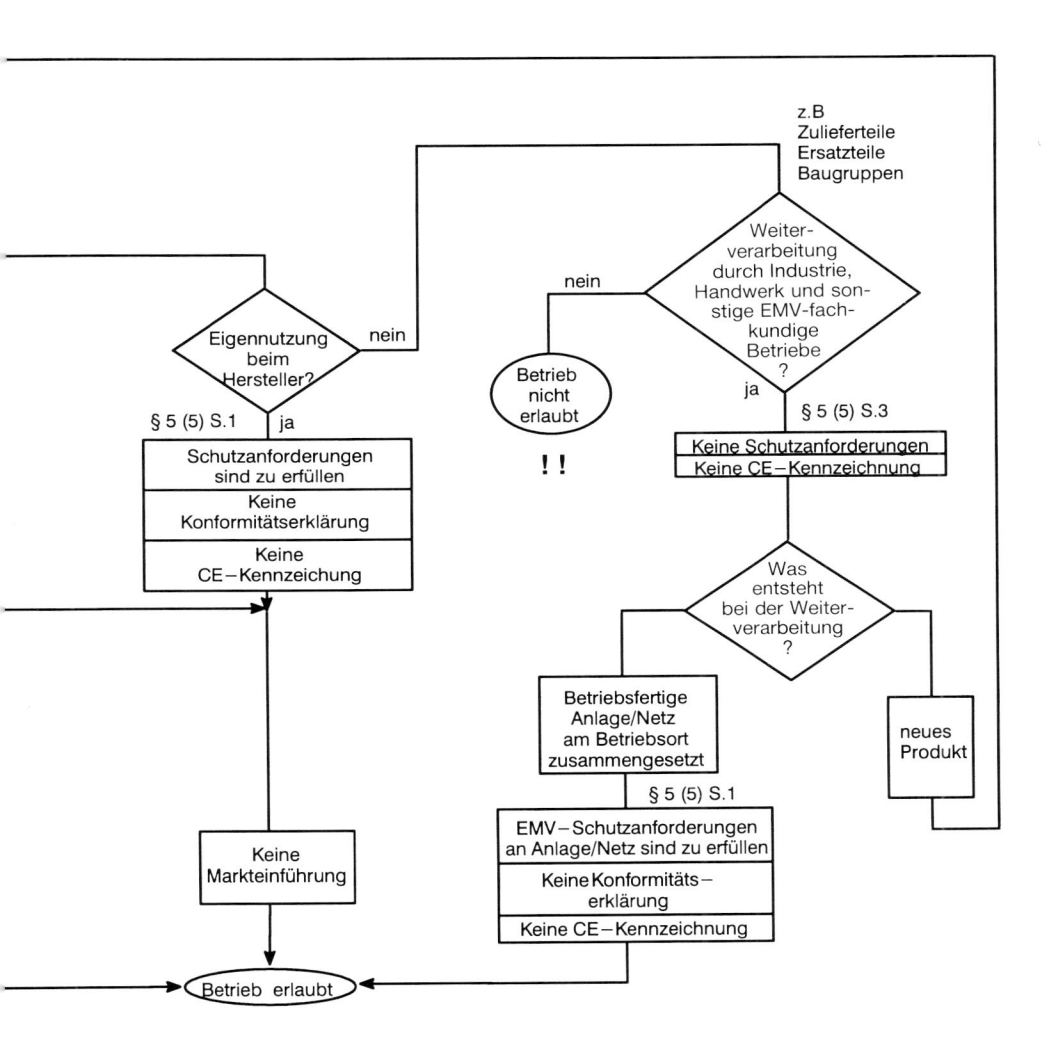

```
                                              z.B
                                              Zulieferteile
                                              Ersatzteile
                                              Baugruppen

                                              ◇ Weiterverarbeitung
                                 nein         durch Industrie,
                                              Handwerk und son
          ◇ Eigennutzung   nein               stige EMV-fachbeim                              kundige
            Hersteller?                       Betriebe?
                                     ┌──────┐    ja
      § 5 (5) S.1         ja         │Betrieb│           § 5 (5) S.3
      ┌────────────────────┐         │nicht  │     ┌─────────────────────────┐
      │Schutzanforderungen │         │erlaubt│     │Keine Schutzanforderungen│
      │sind zu erfüllen    │         └──────┘      │Keine CE-Kennzeichnung   │
      ├────────────────────┤           !!          └─────────────────────────┘
      │Keine               │
      │Konformitätserklärung│                         ◇ Was entsteht
      ├────────────────────┤                            bei der Weiter
      │Keine               │                            verarbeitung?
      │CE-Kennzeichnung    │
      └────────────────────┘         ┌────────────────────┐
                                     │Betriebsfertige     │
                                     │Anlage/Netz         │      ┌────────┐
                                     │am Betriebsort      │      │neues   │
                                     │zusammengesetzt     │      │Produkt │
                                     └────────────────────┘      └────────┘
                                              § 5 (5) S.1
                                     ┌──────────────────────────────────┐
                                     │EMV-Schutzanforderungen           │
          ┌──────────────┐           │an Anlage/Netz sind zu erfüllen   │
          │Keine         │           ├──────────────────────────────────┤
          │Markteinführung│          │Keine Konformitäts-               │
          └──────────────┘           │erklärung                         │
                                     ├──────────────────────────────────┤
                                     │Keine CE-Kennzeichnung            │
                                     └──────────────────────────────────┘

              ( Betrieb erlaubt )
```

einem Ablaufdiagramm die Interpretationen eines EMV-Ingenieurs zu den möglichen Wegen im EMVG.

Ein Hersteller muß sich als erstes fragen: Ist sein Produkt selbständig betreibbar? Wobei sich nicht die Frage stellt, ob es alleine sinnvoll betreibbar ist. Z. B. kann ein Drucker ohne PC sicher nicht immer vernünftig betrieben werden, aber er kann auch direkt an ein Netz angeschlossen werden.

▷ Ist ein Produkt selbständig betreibbar, geht kein Weg an der CE-Kennzeichnung vorbei.

▷ Ist ein Produkt allgemein erhältlich, geht ebenfalls kein Weg an der CE-Kennzeichnung vorbei.

Wobei sich die Frage stellt: Wann ist ein Produkt allgemein erhältlich?

Es gilt mit Sicherheit als allgemein erhältlich, wenn Sie, ich oder Lieschen Müller das Produkt erwerben können.

Die nächste Frage ist:
Werden von dem Produkt alle relevanten Normen erfüllt, wenn es solche gibt? Wenn nein, muß eine Zuständige Stelle konsultiert werden.

Dann stellt sich die Frage:
Werden die Schutzanforderungen für alle in den einschlägigen Normen benannten elektromagnetischen Umgebungsbedingungen erfüllt?

Wenn nein:
Dann sind den Produkten Informationen über die für den Betrieb zu beachtenden Einschränkungen beizufügen. Soweit die angewandten Normen mehrere Grenzwertklassen enthalten, ist in den Informationen die vom Hersteller berücksichtigte Klasse anzugeben.

Sind alle diese Anforderungen erfüllt, kann der Hersteller berechtigterweise die EG-Konformitätserklärung ausstellen und die CE-Kennzeichnung an den Produkten anbringen und nun endlich das Produkt auf den Markt bringen.

Jetzt ist der Betreiber gefordert; denn Geräte dürfen an Orten, für die sie nicht ausreichend entstört sind, nur mit besonderer Genehmigung des BMPT oder des BAPT betrieben werden. Die Genehmigung wird erteilt, wenn keine elektromagnetischen Störungen zu erwarten sind.

Dies ist quasi die aus dem Hochfrequenz-Gerätegesetz bekannte Einzelgenehmigung für Geräte, die der Grenzwertklasse A entsprechen.

Diese deutsche Regelung ist in einigen Mitgliedstaaten und bei der Kommission auf Widerspruch gestoßen. Nach dem momentanen Stand der Diskussion kann ein Wegfall dieser Genehmigung erwartet werden.

Ausnahmeregelungen gibt es für Produkte, die nicht selbständig betreibbar und nicht allgemein erhältlich sind.

Wird ein Produkt vor der Markteinführung nur auf Messen und Ausstellungen betrieben, brauchen die Schutzanforderungen noch nicht erfüllt werden und somit ist auch eine CE-Kennzeichnung noch nicht möglich. Aber die Geräte sind mit einem entsprechenden Hinweis zu versehen.

Geräte, die vom Hersteller ausschließlich zur Verwendung in eigenen Laboratorien, Werkstätten und Räumen hergestellt werden, bedürfen keiner EG-Konformitätserklärung und keiner CE-Kennzeichnung. Sie müssen allerdings die Schutzanforderungen erfüllen.

Nicht selbständig betreibbare und nicht allgemein erhältliche Produkte, also Produkte, die ausschließlich als Zulieferteile oder Ersatzteile zur Weiterverarbeitung durch Industrie, Handwerk oder sonstige auf dem Gebiet der EMV fachkundige Betriebe hergestellt und bereitgehalten werden, brauchen weder die Schutzanforderungen einzuhalten, noch bedürfen sie einer CE-Kennzeichnung, denn dafür ist der Weiterverarbeiter verantwortlich. D. h. der Verkauf solcher Produkte ist nur an EMV-Fachkundige erlaubt, wobei der Gesetzgeber bei Industrie und Handwerk diese Fachkunde voraussetzt.

Desweiteren bedürfen Anlagen, die erst am Betriebsort zusammengesetzt werden, und Netze keiner EG-Konformitätserklärung und keiner CE-Kennzeichnung, aber die Schutzanforderungen müssen erfüllt werden.

Diese Behandlung von Anlagen nach dem EMVG ist ein pragmatischer, der Realität angepaßter, volkswirtschaftlich vernünftiger Weg. Während die EG-Kommission die Anwendung der Richtlinie auf Anlagen heute noch etwas abweichend vom EMVG sieht.

Dazu ein Auszug [21]:
„Im Sinne der EMV-Richtlinie wird eine ‚Anlage‘ definiert als mehrere zu einem bestimmten Zweck und an einem bestimmten Ort miteinander verbundene Geräte oder Systeme, die jedoch nicht als einzige Funktionseinheit in Verkehr gebracht werden sollen. Eine Anlage ist ein mehr oder weniger zufälliger Verbund von Geräten und/oder Systemen. Dabei können alle Arten von Konfigurationen auftreten, die vorab nicht bestimmt werden können. Daher unterliegt jedes Gerät oder System, das Teil einer Anlage ist, für sich den Bestimmungen der EMV-Richtlinie."

Im Entwurf zur zweiten Ausgabe dieses Leitfadens zeichnet sich eine Annäherung an die deutsche Vorgehensweise ab [35], wobei die Kommission aber nach wie vor auf einer Konformitätserklärung für die Anlage beharrt.

Soviel zu den Verwaltungsprozeduren des EMVG.

7 Technische Anforderungen – Normen zur Sicherstellung der EMV

Basierend auf der Notwendigkeit, Regeln für das ungestörte Zusammenspiel elektrischer und elektronischer Einrichtungen verschiedenster Hersteller außerhalb der funktionellen Schnittstellenbeschreibungen aufzustellen, entstanden und entstehen in den unterschiedlichsten Gremien Normen und Vorschriften zur Sicherstellung der Elektromagnetischen Verträglichkeit. In Teilbereichen der EMV, wie z. B. der Funk-Entstörung, liegen bewährte, in jahrzehntelanger Anwendung erprobte Normen vor. Die Normungsaktivitäten zu der gesamten Querschnittsaufgabe EMV sind national und international meist jüngeren Datums. Wobei in den letzten Jahren ein Trend von der Grundsatznorm hin zur produktspezifischen Norm verstärkt zu erkennen ist. Dies führte zu einer Vielzahl sich oft nur im Detail unterscheidender Normen, die selbst dem erfahrenen EMV-Ingenieur den Überblick und die Anwendung erschweren. Eine weitere Koordination der EMV-Normungstätigkeit ist sowohl national als auch international geboten.

7.1 Europa-Normen

Entsprechend der neuen Konzeption (New Approach) enthält die EMV-Richtlinie keine technischen Details, sondern nennt globale Schutzanforderungen, die mit der Anwendung von Europa-Normen (EN) zu erreichen sind. Bereits mit dem Entwurf der Richtlinie erging von der EG-Kommission ein Mandat an das Europäische Komitee für elektrotechnische Normung (CENELEC), die erforderlichen Normen rechtzeitig auszuarbeiten. Vor diesem Hintergrund wurde Anfang 1989 das Technische Komitee TC 110 der CENELEC gegründet, welches 1995 in TC 210 umbenannt wurde. Aufgabe des TC 210 ist es, den Richtlinieninhalt mittels Europa-Normen mit technischem Leben zu erfüllen. Die richtlinienrelevanten Normen werden im Amtsblatt der Europäischen Gemeinschaften veröffentlicht.

Der Vollständigkeit halber sei auch hier die Struktur des TC 210 erläutert. Bild 10 zeigt die Aufteilung des TC 210 in Arbeitskreise (Working Groups, WG) und in das SC 210 A sowie deren Aufgaben. Die Aufgabe der WG 1 besteht in der Formulierung von sogenannten „Generic Standards". In der WG 2 werden die „Basic Standards" bearbeitet. Die WG 3 bearbeitet das klassische Beeinflussungsthema, die Beeinflussung von Telekommunikationseinrichtungen durch energietechnische Einrichtungen. Die WG 4 beschäftigt

```
TC 210                    EMC
   ├── WG 1        Generic Standards
   ├── WG 2        Basic Standards
   ├── WG 3        Beeinflussung von Telekommunikations-
   │               einrichtungen durch energietechnische
   │               Einrichtungen
   ├── WG 4        Absorberhallen
   ├── WG 5        Militärisches Gerät
   └── SC 210A     Produkt Standards
                   CISPR Angelegenheiten
                   Informationstechnische Einrichtung ITE
```

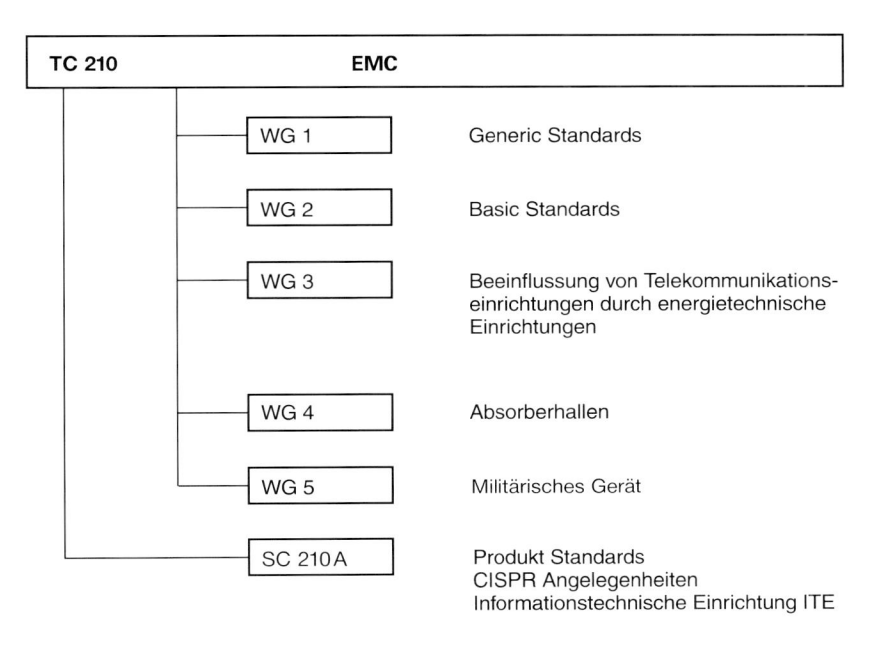

Bild 10 Struktur des TC 210, EMV, in CENELEC

sich mit Messungen in Absorberhallen [23]. In der erst 1994 gegründeten WG 5 werden militärische Geräte für den zivilen Markt bearbeitet.

Die folgenden Erläuterungen beschränken sich auf die Aktivitäten im TC 210, das keine eigenen neuen Normen kreieren, sondern bei der Formulierung von Europa-Normen zur EMV auf bestehende Normen von IEC, CISPR und CENELEC zurückgreifen soll. Sich ergebender Handlungsbedarf für die Erstellung neuer Normen ist gemeinsam mit den internationalen Spiegelgremien zu klären. Bereits in Bild 10 ist die beschlossene Vierteilung des Normenwerkes in „Basic Standards, Generic Standards, Product und Product Family Standards" zu erkennen [24]. Bild 11 zeigt den gewünschten Zusammenhang zwischen den Normenpaketen.

7.1.1 Basic Standards; Grundnormen

In diesem Normenpaket sollen, basierend auf bestehenden IEC, CISPR und Europa-Normen, grundsätzliche phänomenbezogene Anforderungen und Meßverfahren festgeschrieben bzw. angeboten werden.

Diese Normen sollen keine Grenzwerte, weder für Emission noch für Immunität, und keine Bewertungskriterien enthalten. Wenn notwendig, sollen le-

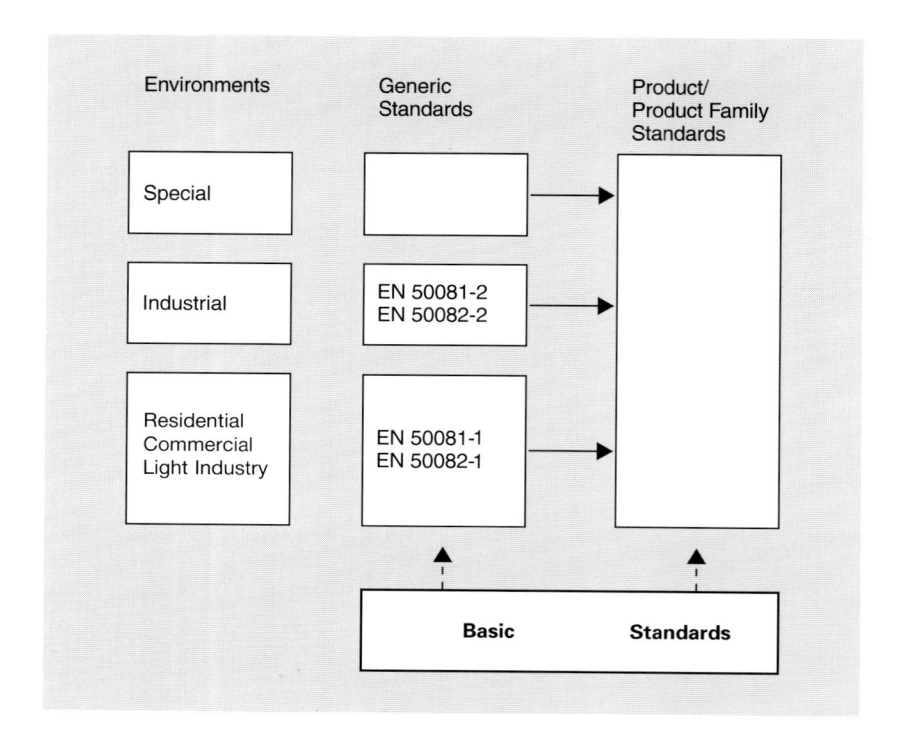

Bild 11 Zusammenhang zwischen „Basic, Generic und Product Standards"

diglich auf den Eigenschaften der Meßgeräte oder der Meßverfahren beruhende Grenzwertbereiche angegeben werden. Die zur Zeit diskutierten Phänomene und die dazugehörigen Störfestigkeitsmeßverfahren sind unter der Angabe möglicher Referenzdokumente in Tabelle 3 aufgelistet [25].

7.1.2 Generic Standards, Fachgrundnormen

In diesen Normen werden, basierend auf den „Basic Standards", die Anforderungen an Produkte für deren Einsatz in bestimmten elektromagnetischen Klimata festgelegt. Folgende typische Umgebungen werden genannt:
▷ Wohnbereiche, Geschäfts- und Gewerbebereiche, sowie Kleinbetriebe
▷ Industriebereich
▷ Spezialbereiche

In getrennten Papieren werden Emission und Immunität behandelt, Grenzwerte gefordert und grundsätzliche Bewertungskriterien für das Betriebsverhalten vorgegeben.

Tabelle 3 Zusammenstellung möglicher Störfestigkeitsprüfungen

Lfd. Nr.	Phänomen	Referenz Dokument	DIN/VDE
	Niederfrequente Phänomene auf Leitungen		
1	Oberschwingungen	77 A (sec.) 99	
2	Zwischenharmonische	77 A (sec.) 99	
3	Signalspannungen		
4	Spannungsschwankungen	IEC 1000-4-11	VDE 0847 Teil 4-11
5	Spannungseinbrüche, Kurzzeitunterbrechung	IEC 1000-4-11	VDE 0847 Teil 4–11
6	Spannungsunsymmetrie		
7	Frequenzvariation		
8	Gleichanteile in Wechselstromnetzen		
	Hochfrequente Phänomene auf Leitungen		
9	100/1300 µs Stoßspannung/-strom		VDE 0160
10	Blitz 1,2/50 µs – 8/20 µs; Spannung/Strom	IEC 1000-4-5	VDE 0847 Teil 4 – 5
11	Burst n × 5/50 nsec	IEC 1000-4-4	VDE 0847 Teil 4 – 4
12	Ring waves 0,5 µs/100 kHz	IEC 1000-4-12	VDE 0847 Teil 4 – 12
13	gedämpfte Welle 0,1 und 1 MHz	IEC 1000-4-12	
14	DC bis 150 kHz	77 A/120/CD	
15	sinusförmige Spannung	65 A/165/DIS 77 B/144/DIS	
16	Blitz 10/700 µs (Telekom.)	CCITT K 20, 21	
	ESD		
17	Entladung statischer Elektrizität ESD	IEC 1000-4-2	VDE 0847 Teil 4 – 2
	Niederfrequente Felder		
18	Netzfrequente Magnetfelder	IEC 1000-4-8	VDE 0847 Teil 4–8
19	Impulsförmiges Magnetfeld	IEC 1000-4-9	VDE 0847 Teil 4–9
20	Gedämpft schwingendes Magnetfeld	IEC 1000-4-10	VDE 0847 Teil 4–10
	Hochfrequente Strahlung		
21	Elektromagnetisches Feld	IEC 1000-4-3	(VDE 0843 Teil 3)*
	Andere Störfestigkeitsprüfungen		
22	Spannung mit energietechn. Frequenz auf Steuerleitungen		
23	Gleichspannung auf Steuerleitungen		

*wird in die Reihe VDE 0847-4-Y übernommen

Folgende Normen liegen vor:

EN 50081-1	Generic Emission Standard; Residential, Commerical and Light Industry
EN 50082-1	Generic Immunity Standard; Residential, Commerical and Light Industry
EN 50081-2	Generic Emission Standard; Industrial Environment
EN 50082-2	Generic Immunity Standard; Industrial Environment

„Generic Standards" gelten für alle elektrischen Einrichtungen, die nicht durch einen „Product oder Product Family Standard" erfaßt sind.

Es zeigt sich also folgende Matrix (Tabelle 4) für die CE-Kennzeichnung.

Generell gilt:

Erfüllt ein Gerät eine beliebige Kombination aus Emissions-Norm und Immunitäts-Norm, kann der Hersteller eine Konformitätserklärung ausstellen und die CE-Kennzeichnung anbringen.

Die mit H gekennzeichneten Normen decken die jeweils schwächere Norm mit ab. Falls ein Produkt nicht die jeweiligen mit H gekennzeichneten Normen erfüllt, müssen die im EMVG genannten div. Einschränkungen in der Bedienungsanleitung angegeben werden.

Die Tabellen 5 bis 8 zeigen die möglichen Kombinationen für die CE-Kennzeichnung, und die Einschränkungen werden genannt und bewertet.

Tabelle 4 Zuordnung zwischen Umgebung und Generic Standard

Umgebung	Emission	Immunität
Wohnbereich, Geschäfts- und Gewerbebereich sowie Kleinbetriebe	EN 50081-1 H	EN 50082-1 L
Industriebereich	EN 50081-2 L	EN 50082-2 H

Tabelle 5 Kombination für uneingeschränkten Einsatz

Umgebung	Emission	Immunität
Wohnbereich, Geschäfts- und Gewerbebereich sowie Kleinbetriebe	EN 50081-1 H	EN 50082-1 L
Industriebereich	EN 50081-2 L	EN 50082-2 H

Tabelle 5:
Allgemeiner Einsatz ohne Einschränkung möglich; CE-Kennzeichnung darf angebracht werden.

Tabelle 6:
CE-Kennzeichnung darf angebracht werden. In Bedienungsanleitung muß auf div. Betriebseinschränkungen im Industriebereich (Gerät kann gestört werden) hingewiesen werden.

Tabelle 7:
CE-Kennzeichnung darf angebracht werden. In Bedienungsanleitung muß auf div. Betriebseinschränkungen in Wohn-/Gewerbe- und Kleinindustriebereich (Gerät kann andere Geräte, z. B. Radio, stören) hingewiesen werden.

Tabelle 8:
CE-Kennzeichnung darf angebracht werden. In Bedienungsanleitung muß auf Einschränkungen sowohl im Wohn-/Gewerbe- und Kleinindustriebereich (Emission) als auch im Industriebereich (Immunität) hingewiesen werden.

Tabelle 6 Kombination für den Einsatz am öffentlichen Niederspannungsnetz usw.

Umgebung	Emission	Immunität
Wohnbereich, Geschäfts- und Gewerbebereich sowie Kleinbetriebe	EN 50081-1 ⟵ H	⟶ EN 50082-1 L
Industriebereich	EN 50081-2 L	EN 50082-2 H

Tabelle 7 Kombination für den Einsatz im Industriegebiet

Umgebung	Emission	Immunität
Wohnbereich, Geschäfts- und Gewerbebereich sowie Kleinbetriebe	EN 50081-1 H	EN 50082-1 L
Industriebereich	EN 50081-2 ⟵ L	⟶ EN 50082-2 H

Tabelle 8 Juristisch mögliche Kombination

Umgebung	Emission	Immunität
Wohnbereich, Geschäfts- und Gewerbebereich sowie Kleinbetriebe	EN 50081-1 H	EN 50082-1 L
Industriebereich	EN 50081-2 L	EN 50082-2 H

Für die Reaktion von Prüflingen auf Störfestigkeitstest sind drei verschiedene Bewertungskriterien (A, B und C) genannt, deren grundsätzliche Aussagen lauten:

Kriterium A:
Das Betriebsmittel arbeitet weiterhin ordnungsgemäß. Es darf keine Beeinträchtigung des Betriebsverhaltens oder kein Funktionsausfall unterhalb einer vom Hersteller beschriebenen minimalen Betriebsqualität auftreten, wenn das Betriebsmittel wie vorgesehen benutzt wird. In bestimmten Fällen darf der Grad der Beeinträchtigung durch einen zulässigen Verlust der Betriebsqualität ersetzt werden. Falls der Mindest-Grad der Beeinträchtigung oder zulässige Verlust der Betriebsqualität nicht vom Hersteller angegeben ist, darf jede dieser beiden Angaben aus der Beschreibung des Produktes und den Unterlagen (einschließlich Werbeblättern und Anzeigen) abgeleitet werden sowie aus dem, was der Benutzer vernünftigerweise bei ordnungsgemäßem Gebrauch vom Betriebsmittel erwarten kann.

Kriterium B:
Das Betriebsmittel arbeitet weiterhin nach der Prüfung ordnungsgemäß. Es darf keine Beeinträchtigung des Betriebsverhaltens oder kein Funktionsverlust unterhalb einer vom Hersteller beschriebenen minimalen Betriebsqualität auftreten, wenn das Betriebsmittel wie vorgesehen benutzt wird. In bestimmten Fällen darf der Grad der Beeinträchtigung durch einen zulässigen Verlust der Betriebsqualität ersetzt werden. Während der Prüfung ist jedoch eine Beeinträchtigung des Betriebsverhaltens erlaubt, aber keine Änderung der eingestellten Betriebsart oder Verlust von gespeicherten Daten. Falls der Mindest-Grad der Beeinträchtigung oder zulässige Verlust der Betriebsqualität nicht vom Hersteller angegeben ist, darf jede dieser beiden Angaben aus der Beschreibung des Produktes und den Unterlagen (einschließlich Werbeblättern und Anzeigen) abgeleitet werden sowie aus dem, was der Benutzer vernünftigerweise bei ordnungsgemäßem Gebrauch vom Betriebsmittel erwarten kann.

Kriterium C:
Ein zeitweiliger Funktionsausfall ist erlaubt, wenn die Funktion sich selbst wieder herstellt oder die Funktion durch Betätigung der Einstell-/Bedienelemente wieder herstellbar ist.

7.1.2.1 Wohnbereiche, Geschäfts- und Gewerbebereiche sowie Kleinbetriebe

Unter der Annahme eines einheitlichen, definierten elektromagnetischen Klimas und typischen Näherungen zwischen potentiellen Störsenken und Störquellen sind folgende Einrichtungen ohne Anspruch auf Vollständigkeit beispielhaft aufgeführt (Tabelle 9). Alle Gebiete, die über einen öffentlichen Niederspannungsanschluß versorgt werden, fallen grundsätzlich unter diese Definition.

Tabelle 9
Einrichtungen, die als Wohnbereiche, Geschäfts- und Gewerbebereiche sowie Kleinbetriebe eingestuft wurden.

Wohnbereich, z. B. Häuser, Eigentumswohnungen usw.
Einzelhandel, z. B. Geschäfte, Supermärkte usw.
Geschäftsbereiche, z. B. Büros, Banken usw.
öffentliche Einrichtungen, z. B. Kinos, Gasthäuser, Diskotheken usw.
Außenbereiche, z. B. Tankstellen, Parkplätze, Sportanlagen usw.
Leichtindustrie, z. B. Werkstätten, Labors usw.

In Tabelle 10 sind die 20 verschiedenen Anforderungen an Geräte für den Einsatz im Wohnbereich, Geschäfts- und Gewerbebereich sowie in Kleinbetrieben aufgelistet. Die Grenzwerte sind in den „Generic Standards" angegeben.

7.1.2.2 Industriebereich

Die Definition des Industriebereiches ist nicht identisch mit der uns bekannten, vom Katasteramt ausgewiesenen Nutzung eines Industriegebietes, denn dies ist eine auf die Bundesrepublik Deutschland beschränkte Regelung.

Entscheidendes Kriterium für die Zuordnung ist der Anschluß an einen Verteilungstransformator, welcher ausschließlich Industriebetriebe versorgt bzw. nur den eigenen Betrieb. Das heißt aber nicht, daß ein über einen Mittelspannungstrafo versorgtes Bürogebäude oder Wohnhaus zum Industriebereich wird. EN 50081-2 und EN 50082-2 nennen insgesamt 22 unterschiedliche Störfestigkeits- und Störaussendungsanforderungen (siehe Tabelle 11).

Tabelle 10 Übersicht zu dem Inhalt von EN 50081-1 und EN 50082-1

Lfd. Nr.	Phänomen	Referenz Dokument		
	Störaussendungen			
1	NF auf Stromversorgungsleitungen	EN 60555-2 u. 3		N
2	Funk-Entstörung	EN 55022 u. 55014		N
	Störfestigkeit			
	Wechselstromversorgungsleitungen			
3	Spannungseinbrüche	prEN 50093	*)	I
4	Spannungsunterbrechung	prEN 50093	*)	I
5	Spannungsschwankungen	+/−10 %		I
6	Blitz	ENV 50142		I
7	Sinusförmige HF	ENV 50141		I
8	Burst	IEC 801-4, 1988		N
	Gleichstromversorgungsleitungen			
9	Spannungseinbrüche	IEC, TC 77 B (C.O.) 10		I
10	Spannungsschwankungen	+/−5 %		I
11	Blitz	ENV 50142		I
12	Sinusförmige HF	ENV 50141		I
13	Burst	IEC 801-4, 1988		N
	Signal- und Steuerleitungen			
14	50 Hz Gleichtaktspannung	CCITT K 20		I
15	Sinusförmige HF	ENV 50141		I
16	Burst	IEC 801-4, 1988		N
	Gerät bzw. Gehäuse			
17	NF-Magnetfeld	IEC/TC 77 B (C.O.) 7	*)	I
18	ESD	IEC 801-2, 1984		N
19	Elektromagnetisches Feld	IEC 801-3, 1984		N
		SC 65 A/SC 77 B (Sec). 135/100	*)	I
20	EM-Feld 1,89 GHz gepulst			I

*) inzwischen in der IEC 1000er Serie umgesetzt
N Normativ
I Informativ im Anhang aufgeführt

Tabelle 11 Übersicht zu dem Inhalt von EN 50081-2 und EN 50082-2

Lfd. Nr.	Phänomen	Referenz Dokument	
	Störaussendungen		
1	Funk-Entstörung	EN 55011	N
2	NF auf Stromversorgungsleitung		I
	Störfestigkeit		
	Wechselstromversorgungsleitungen		
3	Spannungseinbrüche		I
4	Spannungsunterbrechung		I
5	Spannungsschwankungen	+/− 10 %	I
6	Netzoberschwingungen		I
7	Blitz	ENV 50142	I
8	Sinusförmige HF	ENV 50141	N
9	Burst	IEC 801-4, 1988	N
	Gleichstromversorgungsleitungen		
10	Spannungseinbrüche		I
11	Spannungsänderungen	+/− 20 %	I
12	Blitz	ENV 50142	I
13	Sinusförmige HF	ENV 50141	N
14	Burst	IEC 801-4, 1988	N
	Signal-, Steuer- und Telefonleitungen und Busse		
15	50 Hz Gleichtaktspannung	CCITT K20	I
16	Blitz	ENV 50142	I
17	Sinusförmige HF	ENV 50141	N
18	Burst	IEC 801-4	N
	Geräte bzw. Gehäuse		
19	NF-Magnetfeld	IEC 1000-4-8	N
20	ESD	IEC 801-2, 1991	N
21	Elektromagnetisches Feld	ENV 50140	N
22	EM-Feld 1.89 GHz gepulst		I
23	Sinusförmige HF auf Erdanschluß	ENV 50141	N

N Normativ
I Informativ

7.1.3 Produkt- und Produktfamilien-Normen

In diesen Normen werden Anforderungen für bestimmte Produkte oder Produktfamilien geregelt.

Im Amtsblatt veröffentlichte Produkt- oder Produktfamilien-Normen haben Vorrang vor den Fachgrund-Normen (Generic Standards).

Zwischen IEC und CENELEC wurde ein Arbeitsprogramm für „Produkt-Normen" abgesprochen [26]. In diesem Arbeitsprogramm sind sechs Haupt-Produktfamilien mit insgesamt 64 Produktfamilien aufgeführt. Die sechs Haupt-Produktfamilien sind in Tabelle 12 ersichtlich:

Tabelle 12 Haupt-Produktfamilien [26]

I	Residential, Commerical and LV Professional Family
II	Industrial Family
III	Traffic, Transportation
IV	Utilities
V	Special
VI	Information Technology Equipment

Es ist geplant, alle diese Normen für die Anwendung unter der EMV-Richtlinie im Amtsblatt der EG zu veröffentlichen.

Die wichtigsten Aufgaben von Produkt-Normen sind die Festlegung der produkttypischen Meßanordnungen, der Betriebsbedingungen beim Messen und die detaillierte Angabe von Fehlerkriterien für die Störfestigkeitsmessungen. Desweiteren gehört die produkt- und einsatzspezifische Auswahl der Störphänomene zu den Aufgaben der Produkt-Komitees.

7.2 Amtsblatt der EG bzw. des BMPT

Alle unter dem Mandat der EMV-Richtlinie erstellten Europa-Normen werden im Amtsblatt der EG veröffentlicht und gelten dann als harmonisierte Norm im Sinne der Richtlinie.

Die in das deutsche Normenwerk überführten Normen werden im Amtsblatt des BMPT veröffentlicht: Die in Tabelle 13 ersichtlichen Normen, die zum Erreichen der Schutzanforderungen anzuwenden sind, wurden im April 1995 vom BMPT angegeben [27] bzw. im September und Dezember 1995 von der Kommission [34].

Wie bereits im vorherigen Kapitel angesprochen, sollen alle in [26] aufgeführten Normenvorhaben im Laufe der Zeit, möglichst bis Ende 1995, im Amtsblatt gelistet werden.

Eine Leitschnur, welche Normen zur Zeit für welche Produkte für die CE-Kennzeichnung anzuwenden sind, ist beispielhaft in [28] angegeben, woraus auch die Tabelle 14 entnommen ist.

Tabelle 13 Im Amtsblatt der EG und des BMPT veröffentlichte EMV-Normen

EN	IEC	DKE	Stichwort
EN 50081-1	–	VDE 0839 Teil 81-1	Generic, Emission, Wohn-, Geschäftsbereich ...
EN 50082-1	–	VDE 0839 Teil 82-1	Generic, Störfestigkeit, Wohn-, Geschäftsbereich ...
EN 50081-2	–	VDE 0839 Teil 81-2	Generic, Emission, Industriebereich
EN 50082-2	–	VDE 0839 Teil 82-2	Generic, Störfestigkeit, Industriebereich
EN 50065-1	–	DIN VDE 0808 Teil 1	Signalübertragung auf NS-Netz
EN 55011	CISPR 11	DIN VDE 0875 Teil 11	Funk-Enstörung ISM
EN 55013	CISPR 13	DIN VDE 0872 Teil 13	Funk-Enstörung Rundfunkempfänger
EN 55014	CISPR 14	VDE 0875 Teil 14	Funk-Enstörung Haushaltsgeräte
EN 55015	CISPR 15	VDE 0875 Teil 15	Funk-Entstörung Leuchten
EN 55020	–	DIN VDE 0872 Teil 20	Störfestigkeit Rundfunkempfänger
EN 55022	CISPR 22	DIN VDE 0878 Teil 3	Funk-Entstörung ITE
EN 60555-2	IEC 555-2	DIN VDE 0838 Teil 2	Netzoberschwingungen
EN 60555-3	IEC 555-3	DIN VDE 0838 Teil 3	Spannungsschwankungen
EN 60687	IEC 687	VDE 0418 Teil 8	Elektr. Wechselstrom – Wirkverbrauchszähler
EN 61036	IEC 1036	VDE 0418 Teil 7	Elektr. Wechselstrom – Wirkverbrauchszähler
EN 61037	IEC 1037	VDE 0420 Teil 1	Elektr. Rundsteuerempfänger für Tarif- und Laststeuerung
EN 61038	IEC 1038	VDE 0419 Teil 1	Schaltuhren für Tarif- und Laststeuerung
EN 60945	IEC 945	DIN EN 60945	Navigationsgeräte Seeschiffahrt
EN 55104	–	VDE 0875 Teil 14-2	Störfestigkeit, Haushaltsgeräte usw.
EN 60601-1-2	IEC 601-1-2		EMV, medizinische elektrische Geräte
EN 61000-3-2	IEC 1000-3-2		Oberschwingungsströme
EN 61000-3-3	IEC 1000-3-3		Spannungsschwankungen, Flicker
EN 60947-1 + A 11	IEC 947-1 + A 11	VDE 0600 Teil 100 + A 11	NS-Schaltgeräte
EN 61131-2			SPS
EN 60521			Wechselstrom-Wirkverbrauchszähler

Tabelle 14
Beispiele dafür, welche Normen für die CE-Kennzeichnung anzuwenden sind.

Produkt-Familien	Normen zur Erfüllung der Schutzanforderungen			
	Aussendung			Festigkeit
	Netzoberschwingungen	Spannungsschwankungen	Funk-Entstörungen	alle Anforderungen
1) Haushalt und bewegliche Werkzeuge	EN 60555-2	EN 60555-3	EN 55014	EN 50082-1
2) Leuchten	EN 60555-2	–	EN 55015	EN 50082-1
3) Rundfunkgeräte	EN 60555-2	–	EN 55013	EN 55020
4) ITE	EN 60555-2	–	EN 55022	EN 50082-1
5) Geräte für Signalübertragung auf dem NS-Netz	grundsätzlich EN 50081-1		EN 50065-1	EN 50082-1
6) ISM-Geräte	grundsätzlich EN 50081-2		EN 50065-1	EN 50082-2
7) sonstiges Gerät für industriellen Einsatz	EN 50081-2			EN 50082-2

Die Aussagen in diesem vom Obmann des TC 110 erstellten Papier decken sich nicht immer mit der seit Jahrzenten in Deutschland geübten Praxis.

7.3 Publication IEC 1000-X-Y

Im TC 77 von IEC entsteht ein umfassendes EMV Normenwerk, das als Basis für alle Aktivitäten von Produkt-Gremien dienen soll, die Normenreihe IEC 1000.

Tabelle 15 Unterteilung der IEC 1000

Teil 1:   Grundlagen, Allgemeines

Teil 2:   EMV-Umgebung

Teil 3:   Grenzwerte

Teil 4:   Prüf- und Meßverfahren

Teil 5:   Maßnahmen und Installations-Richtlinien

Teil 6:   Fachgrundnormen

Teil 9:   Verschiedenes

Alle Teile (X) werden in Hauptabschnitte (Y) unterteilt.

Die im folgenden aufgelisteten Teile sind bereits veröffentlicht bzw. in einem weit fortgeschrittenen Entwurfsstadium oder in Arbeit.

Part 1 — Introduction, terms and definitions

IEC 1000-1   Applications and interpretation of fundamental terms and definitions

Part 2 — The EM Environment

IEC 1000-2-1   Description of the EM environment for low frequency conducted disturbances and mains signalling
IEC 1000-2-2   Compatibility levels for low frequency conducted disturbances and mains signalling
IEC 1000-2-3   Description of the environment radiated and non-network-frequency-related conducted phenomena
IEC 1000-2-4   Compatibility levels in industrial plants for low-frequency conducted disturbances
IEC 1000-2-5   Classification of electromagnetic environment
IEC 1000-2-6   Assesment of the emission levels in the power supply of industrial plants as regards low-frequency conducted disturbances
IEC 1000-2-7   Low-frequency magnetic fields in various environments
IEC 1000-2-8   Voltage dips, short interruptions and statistical measurement results
IEC 1000-2-9   Description of HEMP environment — Radiated disturbance
IEC 1000-2-10 Description of HEMP environment — Conducted disturbance
IEC 1000-2-11 Classification of HEMP environment
IEC 1000-2-12 Compatibility levels for low-frequency conducted disturbances and signalling in public medium-voltage power supply systems

Part 3 — Limits and disturbance levels

IEC 1000-3-2   Limitation of emission of harmonic currents in low voltage power supply systems for equipment with rated current ≤ 16 A
IEC 1000-3-3   Limitation of voltage fluctuations and flicker in low voltage power supply systems for equpiment with rated current ≤ 16 A
IEC 1000-3-4   Limitation of emission of harmonic currents in low-voltage power supply systems for equipment with rated current > 16 A
IEC 1000-3-5   Limitation of voltage fluctuations and flicker in low-voltage power supply systems for equipment with rated current greater than 16 A

Part 4 — Testing and measurement techniques

IEC 1000-4-1   Overview of immunity tests
IEC 1000-4-2   Electrostatic discharge immunity tests
IEC 1000-4-3   Radiated radio frequency, electromagnetic field immunity test

IEC 1000-4-4   Fast transient burst immunity test
IEC 1000-4-5   Surg immunity test
IEC 1000-4-6   Immunity to conducted disturbances induced by radio frequency fields
IEC 1000-4-7   General guide on harmonics and inter-harmonics measurements and instrumentation for power supply systems and equipment connected thereto
IEC 1000-4-8   Power frequency magnetic field immunity test
IEC 1000-4-9   Pulse and mangetic field immunity tests
IEC 1000-4-10   Damped oscillatory magnetic field immunity test
IEC 1000-4-11   Voltage dips, short interruptions and voltage variations immunity tests
IEC 1000-4-12   Oscillatory waves immunity tests
IEC 1000-4-15   Flickermeter — Functional and design specifications
IEC 1000-4-16   Test for immunity to conducted disturbances in the frequency range 0 Hz to 150 kHz
IEC 1000-4-20   TEM cells
IEC 1000-4-21   Test for immunity to radiated electromagnetic fields in mode stirred chambers
IEC 1000-4-26   Calibration of probes and instruments for measuring electromagnetic fields

Part 5 — Mitigation methods and installation guidlines

IEC 1000-5-1   General considerations
IEC 1000-5-2   Earthing and Cabling
IEC 1000-5-6   Mitigation of external influences

Wie im Teil 4 ersichtlich ist, wurde und wird die Reihe IEC 801 in die 1000er Reihe überführt.

Die IEC 1000 wird von CENELEC als EN 61000er Reihe übernommen. Auf DKE-Ebene zeichnet sich eine Aufteilung in die VDE 0839- und VDE 0847- Reihen ab.

8 Auswirkungen auf Hersteller und Produkte

Wie aus den bereits angesprochenen Normen zu ersehen ist, sind zur Erfüllung der Schutzanforderungen nicht nur die in Deutschland seit 1949 gesetzlich geregelten Anforderungen an die Funk-Entstörung zu erfüllen, sondern auch Anforderungen bzgl. der Störaussendungen im niederfrequenten Bereich und für die Störfestigkeit. Die Anwendung von Normen für diese Phänomene lag bisher im Ermessen des Herstellers bzw. war Vereinbarungen zwischen Lieferanten und Abnehmer vorbehalten. Produkte, die bereits heute nach der einschlägigen EMV-Normen spezifiziert und hergestellt werden, bedürfen sicher nur geringfügiger Modifikationen. Der Einfluß auf die Entwicklung und Herstellung von Produkten, für die bis heute die Störfestigkeit und/oder niederfrequente Störaussendungen nicht spezifiziert wurden, kann ausgeprägte Änderungen am Produkt bewirken und einen Nachholbedarf an EMV-Wissen aufzeigen. Maßnahmen zur Sicherstellung der EMV sind an jedem Produkt zu treffen und deren Wirksamkeit ist durch den meßtechnischen Nachweis der EMV zu verifizieren. Hersteller elektrischer und elektronischer Produkte, die heute noch nicht über die nötige Expertise zur Lösung eigener EMV-Probleme verfügen, können die Dienste kompetenter Anbieter nutzen. Deren Angebot an Dienstleistungen reicht von der Beratung zur EMV-gerechten Gestaltung einer Leiterplatte bis zur EMV-Systemplanung mobiler und ortsfester Systeme hoher Integrationsdichte und Komplexität. Der konsequente meßtechnische Nachweis der EMV jeder Produktvariante und nach jedem EMV-relevanten Redesign sowie Stichproben aus der laufenden Produktion werden einen erhöhten Bedarf an Meßkapazität bewirken. Investitionen für die Ausstattung von EMV-Prüflabors sind nicht unerheblich. Die fachgerechte Durchführung von Messungen und Prüfungen erfordert ein fundiertes Fachwissen und einen umfassenden Kenntnisstand der aktuellen EMV-Normung.

Die Herausforderung, EMV-Maßnahmen im notwendigen Umfang und zum richtigen Zeitpunkt einfließen zu lassen, richtet sich an alle an der Produkt- oder Systemrealisierung beteiligten Fachdisziplinen. Sie wendet sich selbstverständlich an den Entwickler einer Baugruppe oder eines Gerätes, ja im Extremfall an den Chipdesigner, der sich um die chipinterne EMV kümmern muß. Sie betrifft den Konstrukteur und Projekteur jeder elektrischen und elektronischen Einrichtung bis hin zum Architekten, der im Rahmen einer Baumaßnahme bereits zu Beginn der Bauplanung mittels einer geschickten Raumzuordnung zwischen potentiellen Störquellen und Störsenken einer wesentlichen Beitrag zur wirtschaftlichen Sicherstellung der EMV leisten kann. Die Sicherstellung der EMV erfordert eine interdisziplinäre Zusammenarbeit aller Beteiligten und die Koordination von Anforderungen, Aktivitäten und Maßnahmen.

8.1 EMV-Produktplanung

Damit die Markteinführung und der Einsatz eines Produktes termingerecht erfolgen kann, muß die EMV des Produktes geplant werden. Die Kosten für EMV-Maßnahmen und -Nachweise müssen im Budget enthalten sein und der Zeitbedarf im Terminplan realistisch berücksichtigt werden. Aufwand und Termine für folgende Tätigkeiten sind zu kalkulieren (Tabelle 16).

Nur mit dem in Tabelle 16 vorgegebenen Ablauf sind die Anforderungen wirtschaftlich optimiert zu erreichen. Bild 12 zeigt die relativen Kosten und die

Tabelle 16 EMV-Geräteplanung

EMV im Lastenheft spezifizieren
EMV in das Produkt entwickeln
Entwicklungsbegleitung durch EMV-Ingenieur
Messungen im Entwicklungsablauf
Messungen am Prototyp
Qualifikation des Produktes durch Typprüfung
CE-Kennzeichnung des Produktes
Konformitätserklärung ausstellen
Stichprobenmessungen aus Fertigung
Nachqualifikation nach Änderungen am Produkt

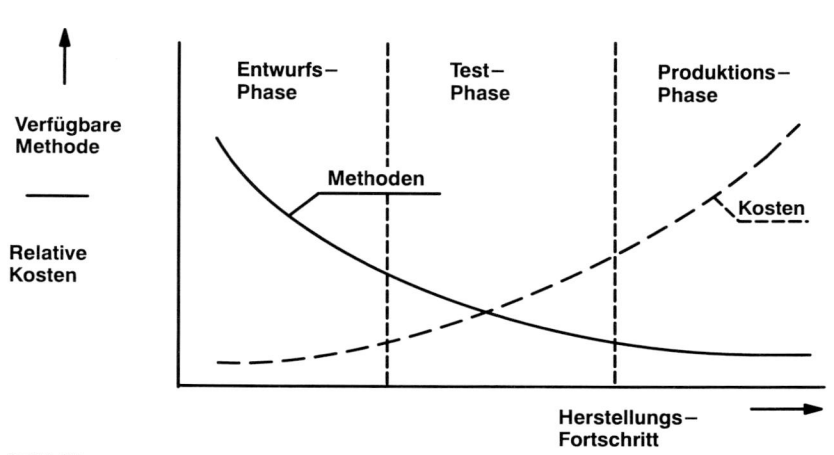

Bild 12
Relative Kosten von EMV-Maßnahmen und verfügbare Methoden zur Sicherstellung der EMV als Funktion des Herstellungsfortschrittes

verfügbaren Methoden zur Sicherstellung der EMV als Funktion des Herstellungsfortschrittes eines Produkts. Nur die rechtzeitige Berücksichtigung hält die Kosten gering und erlaubt eine umfassende Auswahl an möglichen Methoden und Maßnahmen.

Die Punkte „Stichprobenmessungen aus der Fertigung" und „Nachqualifikation nach Änderungen am Produkt" ergeben sich aus der Verpflichtung des Herstellers, die lautet:

„Der Hersteller trifft alle erforderlichen Maßnahmen, damit der Fertigungsprozeß die Übereinstimmung der Produkte mit den für sie geltenden Anforderungen der Richtlinie gewährleistet."

8.2 Relative Produktkosten

Aufwendungen zur Sicherstellung der EMV fallen sowohl in der Entwicklungs- als auch in der Produktionsphase an. Eine grobe Einteilung zeigt Tabelle 17.

Der Aufwand für die beiden ersten Positionen in Tabelle 17 wird entscheidend von dem Wissen und der Erfahrung der Entwickler bestimmt. Deshalb ist eine fundierte Aussage über absolute oder auch relative Kosten nicht möglich. Oft ist die entwicklungsbegleitende Beratung durch einen erfahrenen EMV-Fachmann der kostengünstigste Weg. Als Anhaltspunkt für den Kostenrahmen können die Literaturangaben für EMV-Systemplanungen dienen. Diese liegen zwischen 1% und 4% der Objektkosten. Die Aufwendungen für die Typprüfung sind produktabhängig. Zu der eigentlichen Prüfung im EMV-Prüflabor kommen die Aufwendungen für die Prüfplanung, wie Erstellung einer Prüfsoftware, Prüflingsperipherie für die Simulation verschiedener Betriebszustände und die Funktionsüberwachung während Störfestigkeitsprüfungen. Bei komplexen Prüflingen ist auch der Inbetriebsetzungsaufwand nicht zu vernachlässigen. Typische Prüfzeiten liegen zwischen zwei und fünf Tagen, wobei die Nutzungszeiten der verschiedenen Prüfplätze wiederum prüflingsspezifisch sind. Realistische Prüfkosten bewegen sich somit zwischen 3000 DM und 20000 DM, wobei im Einzelfall Abweichungn nach unten oder oben möglich sind.

Der Materialaufwand zur Sicherstellung der EMV wie Filter, Kondensatoren, Spulen, RC-Glieder und Schirmungsmaterial liegt für Investitionsgüter im

Tabelle 17 Kostenblöcke zur Sicherstellung der EMV

Ing.-Leistung in Entwicklung und Konstruktion
Entwicklungsbegleitende Messungen
Typprüfung
Material zur Sicherstellung der EMV
Fertigungskontrolle

Mittel bei 5 % der Materialkosten des Produktes, wobei die Spanne zwischen 2 % und 20 % liegen kann. Besonders hoch ist der Anteil bei Low-Cost-Produkten.

8.3 Investitionen für ein Prüflabor

Die Investitionen für ein EMV-Prüflabor, in dem alle für die CE-Kennzeichnung notwendigen Prüfungen normgerecht durchgeführt werden können, sind nicht unerheblich. Der Aufwand für die Infrastruktur wird von dem Prüflingsspektrum bestimmt (Abmessungen, Gewicht, Nennstrom, Nennspannung, Wasser, Abwasser, Abgas usw.). Tabelle 18 zeigt typische Investitionen für Gebäude, Meßeinrichtung und Meßgeräte, wobei Abweichungen nach oben und unten möglich sind. Wird für die Funkstörfeldstärkemessungen ein Freifeld genutzt, reduzieren sich die Investitionen für das Prüflabor. Allerdings liegen die Anschaffungskosten für ein vernünftiges normgerechtes Freifeld auch in der Größenordnung von einer Million DM, und es verbleiben die witterungsbedingten Nutzungsbeschränkungen und die auf den elektromagnetischen Umweltbedingungen beruhenden meßtechnischen Einschränkungen, die wiederum zu einem wesentlich erhöhten Zeitbedarf für die normgerechte Messung führen.

Nach Angaben der Errichter lagen die Investitionen für Prüflabors, die in der letzten Zeit gebaut wurden, zwischen 4 Millionen und 16 Millionen DM, wobei auch Einrichtung mit einem Investment von ca. 60 Millionen DM bekannt sind.

Tabelle 18 zeigt noch eine Aufteilung in entwicklungsbegleitende Messungen und Endmessungen sowie eine Bewertung bzgl. der EMV-Ausbildung des Prüfpersonals. Die folgende Auflistung zeigt die Ausrüstung eines EMV-Zentrums [30].

▷ eine Absorberhalle mit 10 m Meßstrecke
▷ eine Absorberhalle mit 3 m Meßstrecke und Bodenabsorber
▷ drei geschirmte Kabinen
▷ kontinuierlich veränderbare Wechselspannungsversorgung von $16^{2}/_{3}$ Hz bis 1 kHz, mit Spannungen bis zu 400 V und Strömen bis zu 300 A
▷ Variable Gleichstromversorgung bis zu 500 V und 300 A
▷ Belastungseinrichtungen bis zu 100 kVA
▷ Abgas-Absaugeinrichtung
▷ Wasserzu- und -ablauf
▷ Druckluftversorgung
▷ TEM-Zelle
▷ Meßempfänger und Spektrum-Analysatoren
▷ Breitband-Leistungsverstärker und Signalgeneratoren bis 18 GHz, für Feldstärken bis zu 200 V/m
▷ Störgeneratoren

Tabelle 18 Notwendige Mindestmeßeinrichtung für die verschiedenen Prüfungen

Einrich-tung	Meßaufgabe	Entwickl. begl.	End-messung	Anzahl versch. Prüfungen	Invest. Bau + Meßg.
Labor	Elektrostatische Entladung	X*	X**	1	'020
	Emission auf Leitungen, NF Störfestigkeit auf Leitungen, NF Störfestigkeit auf Leitungen, Spikes	X*	X**	ca. 10	'500
	Funkstörspannung (Emission)	X**	X**	2	'200
HF-Kabine	Störfestigkeit auf Leitungen, Spikes Störfestigkeit auf Leitungen, HF	X*	X**	ca. 12	'500
TEM-Zelle (2 m)	Störfestigkeit Felder (bis Baugruppenträger)	X**		(2)	'600
Abs. Halle 3 m	Störfestigkeit Felder Funkstörfeldstärke (Emission)	X**	X**	2	4'
Abs. Halle 10 m	Funkstörfeldstärke (Emission)	X**	X**	2	5'–7'

* Entwicklungs-Ing.
** EMV-Ing.

▷ Oszilloskope und Transientenrekorder
▷ Umfangreiches Zubehör wie Antennen, Stromzangen, Tastköpfe, Netznachbildungen, Ankoppelnetzwerke, Vorverstärker, Dämpfungsglieder, Filter, Abschlußwiderstände usw.
▷ Material für die Musterentstörung

desweiteren bestehen Zugriffsmöglichkeiten auf

▷ ein Freifeld mit 30 m Meßstrecke
▷ ein von der NATO und dem BSI anerkanntes TEMPEST-Labor

All diese Einrichtungen wurden nicht auf der grünen Wiese errichtet, sondern sind in den letzten 30 Jahren kontinuierlich bedarfsgerecht gewachsen.

8.4 Dienstleistungen zur Sicherstellung der EMV

Damit das Ziel, der Zustand der Elektromagnetischen Verträglichkeit, im konkreten Einzelfall in der elektromagnetischen Umwelt unter der optimierten Anwendung ausgewählter Maßnahmen erreicht und die gestellten Anforderungen erfüllt werden, sind neben Produkten auch Dienstleistungen zur Sicherstellung der Elektromagnetischen Verträglichkeit notwendig (Bild 13).

Hersteller elektrischer und elektronischer Geräte, Systeme und Anlagen, selbst von der EMV-Richtlinie und dem EMV-Gesetz betroffen, stellen die EMV ihrer Produkte in eigenen Labors sicher und helfen ihren Kunden bei der Lösung von EMV-Problemen, indem Know-how und Ressourcen der erfahrenen Labors als Dienstleistung angeboten werden. Dieses Angebot reicht von der Beratung zur EMV-gerechten Gestaltung einer Leiterplatte, von Geräten und Anlagen bis zur EMV-Systemplanung komplexer ausgedehnter mobiler und ortsfester Systeme hoher Integrationsdichte. Messungen und Prüfun-

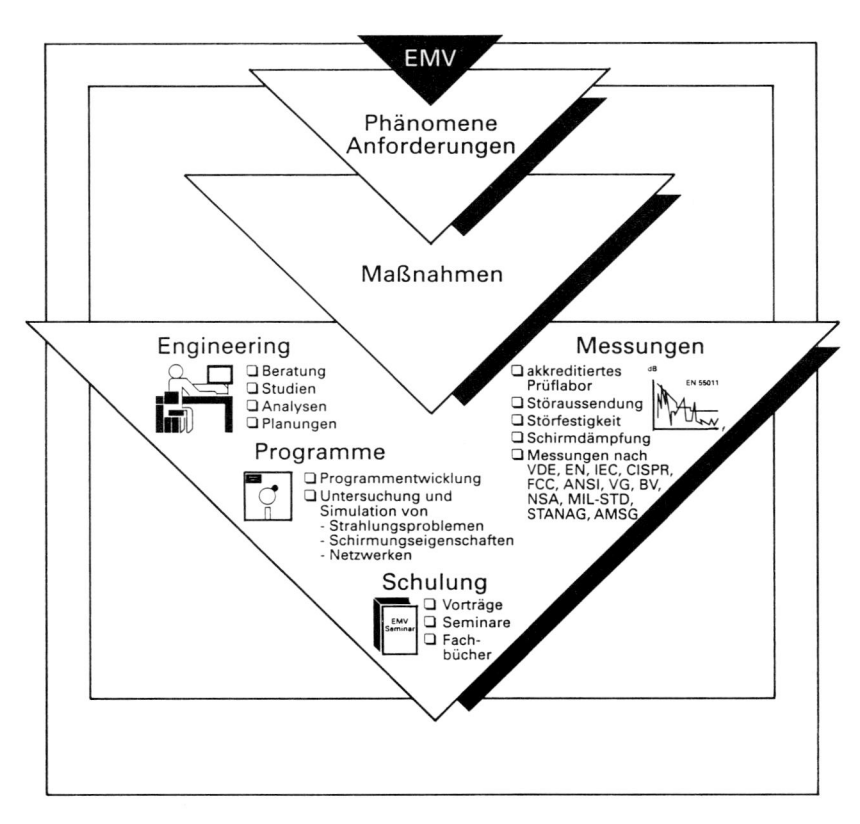

Bild 13   Leistungen und Ressourcen des EMV-Zentrums [31]

64

gen zur Produktqualifikation, Erarbeitung von Grundlagen durch Auftragsforschung und Studien, Entwicklung und Einsatz von technisch-wissenschaftlichen Programmen für EMV-Analysen sowie Schulungen in Form von Seminaren und Vorträgen runden das umfangreiche Angebot ab.

Am Beispiel der Leistungen, Tätigkeiten, Erfahrungen und Ressourcen eines EMV-Zentrums [30] wird im folgenden das umfassende Angebot eines erfahrenen EMV-Dienstleisters aufgezeigt, dessen Wissen in den letzten Jahrzehnten, seit dem Einzug der Elektronik in Industrieausrüstungen, kontinuierlich gewachsen und dessen EMV-Labor seit 7.93 bei der DATech akkreditiert ist. Desweiteren wurde dem EMV-Zentrum als erstem Repräsentant eines deutschen Herstellers vom BAPT die Einrichtung einer „Zuständigen Stelle" zugestanden. Diese Zuständige Stelle wurde zum 01.04.1994 in eine gemeinsame „Zuständige Stelle" des Hauses überführt.

EMV-Beratung

Aus der kontinuierlichen Anpassung von Anforderungen und Maßnahmen an die technische Innovation resultiert die Herausforderung, EMV-Aktivitäten im notwendigen Umfang zum richtigen Zeitpunkt zu veranlassen. Dazu steht der EMV-Fachmann dem Entwickler, Konstrukteur, Projekteur, Inbetriebsetzer und dem Vertrieb beratend zur Seite. So können während der Planung und Realisierung von Produkten und Systemen auftretende EMV-Probleme schnell und wirtschaftlich gelöst werden.

Ein besonderer Vorteil liegt in der Beratung der Entwickler bzgl. notwendiger Nachbesserungen am Prüfling zum Erreichen der spezifizierten Grenzwerte, wenn diese im ersten Durchlauf nicht erreicht wurden.

EMV-Planung

Versuche, die Elektromagnetische Verträglichkeit nachträglich zu erreichen, führen zu einem erheblichen Kostenaufwand oder sogar zu dauerhaften Funktionseinschränkungen. Die vorbeugende Berücksichtigung der EMV, die EMV-Planung durch erfahrene Spezialisten, bietet die Gewähr für eine kostengünstige Realisierung. Ziel einer solchen EMV-Planung ist die wirtschaftliche Sicherstellung der EMV durch zielgerichtete Vorgaben während aller Phasen der Projektrealisierung.

Die Tätigkeiten einer EMV-Planung gliedern sich in

▷ Formulierung der Anforderungen
▷ Sammlung von EMV-Daten der zum Einsatz kommenden Einrichtungen
▷ Durchführung von Störbeeinflussungsanalysen
▷ Aufzeigen von Maßnahmen zur Sicherstellung der EMV
▷ EMV-Nachweismessungen.

EMV-Systemplanung

Die vorbeugende Berücksichtigung der EMV ist für den ungestörten Betrieb von elektrischen Systemen und Anlagen zu einer Notwendigkeit geworden. Als Querschnittsthema berührt die EMV alle an einem Projekt beteiligten Fachrichtungen. Eine übergeordnete Planung der EMV und die Überprüfung durchgeführter Maßnahmen ist zu empfehlen. Aufgabe des Systemplaners ist es, auf der Grundlage meßtechnischer Untersuchungen, Berechnungen und umfangreicher Erfahrung vor, während und nach der Realisierung eines Projektes Maßnahmen zur Sicherstellung der EMV vorzugeben, mit den Beteiligten abzustimmen und die insgesamt kostengünstigste Lösung zu erreichen. Unter Systemen sind hier umfangreiche technische Einrichtungen zu verstehen, die als eine Einheit betrachtet werden können, wie z. B. ein Krankenhaus, ein Kraftwerk, eine Fertigungsstätte, ein Bürohochhaus, ein Schiff, ein Flugzeug oder sonstige Fahrzeuge und Bauwerke mit all ihren Einrichtungen. Meist läßt sich das System in mehrere Untersysteme oder Anlagen unterteilen, wie interne Kommunikationsanlage, Stromversorgungsanlage usw.

Geräteplanung

Damit die Markteinführung und der Einsatz eines Produktes termingerecht erfolgen kann, muß die EMV des Produktes geplant werden. Die Kosten für EMV-Maßnahmen und -Nachweise müssen also im Budget enthalten und die notwendigen Tätigkeiten im Terminplan vorgesehen sein. Aufwand und Termine sind zu kalkulieren.

EMV-Programme

Um Aussagen über komplexe elektrische Gebilde und deren Verhalten innerhalb einer bestimmten elektromagnetischen Umwelt treffen zu können, wurden Computerprogramme für die schnelle und exakte Analyse entwickelt und angeschafft. Diese Programme erlauben die Berechnung elektromagnetischer Felder unterschiedlicher geometrischer Anordnungen, der Schirmdämpfung von Gehäusen und Räumen, von Störpegeln elektrischer Versorgungsnetze und der Übertragungsfunktionen elektrischer Netzwerke. Diese technisch-wissenschaftlichen Programme sind für EMV-Planungen und -Beratung ein unerläßliches Werkzeug.

Schulung

Sensibilität und Wissen von Entwicklern, Konstrukteuren, Projekteuren, Montageingenieuren, Inbetriebsetzern und nicht zuletzt von Vertriebsingenieuren zum Querschnittsthema EMV sind in den letzten Jahren kontinuierlich gewachsen. Gezielte Schulungen, fachspezifische Seminare, Kongresse, Vorträge, Veröffentlichungen und EMV-Fachbücher haben dazu einen wesentlichen Beitrag geliefert. Dennoch liegt das umfangreiche Fachwissen beim EMV-Ingenieur. Diese Disziplin wird auf Hochschulen seit geraumer Zeit in ersten Ansätzen gelehrt.

Das EMV-Zentrum bietet eine auf die Anforderungen der Interessenten abgestimmte Schulung, die sowohl im EMV-Zentrum als auch als Inhouse-Schulung in den Räumen des Interessenten durchgeführt wird.

Messungen und Prüfungen

Zur wirtschaftlichen Produktqualifikation gehören neben der abschließenden Typprüfung auch entwicklungsbegleitende Messungen und die Stichprobenprüfung aus der laufenden Produktion. Mit einer erfolgreichen Prüfung wird nachgewiesen, daß die EMV als wesentliches Qualitätsmerkmal eines Produkts sichergestellt ist, der Hersteller somit die EG-Konformitätserklärung ausstellen kann und berechtigt ist, die CE-Kennzeichnung am Gerät anzubringen.

Nachweismessungen sind an Geräten, Anlagen und Systemen nach der gültigen Spezifikation durchzuführen. Entsprechend der Einteilung in Störquelle, Übertragungsweg und Störsenke gehören Störaussendungs-, Dämpfungs- und Störfestigkeitsmessungen zu dem weiten Spektrum notwendiger EMV-Prüfungen. Dafür stehen geschirmte Absorberhallen, Meßkammern sowie eine umfangreiche Ausrüstung für Messungen im Zeit- und Frequenzbereich zur Verfügung. Nachweismessungen und Prüfungen werden sowohl im EMV-Zentrum als auch vor Ort nach einschlägigen Normen wie VDE, EN, CISPR, IEC, FCC, ANSI, IEEE, VG, BV, MIL-Std., STANAG, AMSG etc. durchgeführt. Natürlich gehört auch die Ausarbeitung von Prüfplätzen und Prüfspezifikationen zum Angebot.

Auftragsforschung, Studien

Aus dem technischen Fortschritt und aus Änderungen in Normung und Gesetzgebung ergibt sich zur Zukunftssicherung die Notwendigkeit zur Grundlagenarbeit. Die Ressourcen eines EMV-Zentrums können dazu im Rahmen von Auftragsforschung und Studien genutzt werden.

8.5 Handlungsbedarf

Seit 1. Januar 1996 müssen alle elektrischen und elektronischen Produkte, die auf den EU-Binnenmarkt gebracht werden, die Schutzanforderungen der EMV-Richtlinie erfüllen und mit CE gekennzeichnet werden. Dies gilt für alle Produkte, gleich ob Neuentwicklung oder „Altprodukt".

Diese Hürde ist von allen Herstellern und Importeuren zu meistern; daran ändert auch die gegenwärtige wirtschaftliche Situation vieler betroffener Unternehmen nichts.

Neue Produkte müssen so spezifiziert und entwickelt werden, daß sie die Schutzanforderungen respektive die relevanten Normen erfüllen.

Für „Altprodukte" empfiehlt sich als erstes eine Auflistung der bisher durchgeführten Prüfungen und ein Vergleich mit den jetzt gültigen normativen Anforderungen.

Wurde in der Vergangenheit nur ein Teil der Phänomene geprüft, sollte der Rest in einem akkreditierten Prüflabor nachgeholt werden bzw. im Rahmen einer Stichprobe aus der Fertigung sämtliche Anforderungen getestet werden. Erfüllt das geprüfte Produkt die gültigen Normen, so kann die Konformitätserklärung ausgestellt und die CE-Kennzeichnung angebracht werden.

Werden nicht alle Anforderungen erfüllt, kann der Weg über eine „Zuständige Stelle" eingeschlagen werden. Deshalb empfiehlt es sich, diese Nachprüfungen in einem akkreditierten Prüflabor durchzuführen.

Alle, die den oben beschriebenen Weg für ihre Produkte noch nicht beschritten haben, sollten die notwendigen Schritte unverzüglich einleiten, denn evtl. notwendige Nachbesserungen am Produkt brauchen ihre Zeit.

9 Konformitätsbewertung der EMV von Maschinen

9.1 Anforderungen

Maschinen- und Anlagenbauer sind bzgl. der CE-Kennzeichnung ihrer Produkte nach der EMV-Richtlinie respektive des EMV-Gesetzes verunsichert. Maschinen- und Niederpannungsrichtlinie tragen nicht unbedingt zur Entwirrung bei.

Die Maschinenrichtlinie nimmt nach einhelliger Meinung der EMV-Kommune die EMV von Maschinen nicht aus dem Geltungsbereich der EMV-Richtlinie heraus. D. h. bzgl. EMV unterliegen Maschinen der EMV-Richtlinie. Die unter der Maschinenrichtlinie im Amtsblatt der EG gelistete Norm EN 60204-1 enthält aber EMV-Anforderungen; allerdings ist eine Änderung in Arbeit, mit der diese EMV-Anforderungen aus der EN 60204-1 wieder herausgenommen werden sollen.

Da z. Z. unter der EMV-Richtlinie keine Produkt- bzw. Produktfamilien-Norm für Maschinen gelistet ist, gelten für Maschinen die „Generic-Standards" (Fachgrundnormen). Diese schreiben die Anforderungen an typprüffähige Produkte auf normgerechten Meßplätzen vor. Dies ist aber nur für eine begrenzte Anzahl von Maschinen technisch möglich und wirtschaftlich sinnvoll. Es ist zu unterscheiden zwischen typprüffähigen Maschinen und Maschinen, die bzgl. Gewicht, Abmessungen, Betrieb oder unangemessener Prüfkosten nicht auf einem üblichen Meßplatz typgeprüft werden können.

Desweiteren ist der Einzelanfertigung und der Typenvielfalt sowie Erweiterungen und Änderungen Rechnung zu tragen.

Folgende Fälle sind zu unterscheiden und unter Berücksichtigung der normativen Anforderungen und gesetzlichen Vorgaben zu regeln:

▷ Typprüffähige Maschinen
▷ Nicht typprüffähige Maschinen
▷ Typenvielfalt
▷ Änderungen, Zusätze und Erweiterungen

Dabei könnte die Konformitätsbewertung jeweils aus einer Kombination verschiedener Prüfungen bestehen:

A) Typprüfung der Maschinen auf Meßplatz
B) Einzelprüfung am Aufstellungsort
C) Prüfung im Funktionsprüffeld des Maschinenbauers

D) Komponenten-Typprüfung auf Meßplatz
E) Sichtprüfung der Aufbaurichtlinien
F) Teilprüfung der Maschine

Das EMV-Gesetz ermöglicht den Betrieb von Anlagen, die am Aufstellungsort zusammengebaut werden, ohne CE-Kennzeichnung und ohne EG-Konformitätserklärung. Viele Großmaschinen können sicher als Anlage gesehen werden, auf die diese Ausnahme zutrifft. Allerdings müssen nach EMVG die Schutzanforderungen von der Anlage erfüllt werden. Nach dem ersten Aufatmen bzgl. dieser Erleichterung durch den Gesetzgeber folgt die Ernüchterung, denn die Normer geben z. Z. noch kein Verfahren an, wie die Schutzanforderungen für Anlagen nachzuweisen sind. Hier besteht noch Handlungsbedarf.

Auch der für Produkte mögliche Umweg über eine „Zuständige Stelle" ist nach EMVG nicht möglich. Denn nach EMVG haben „Zuständige Stellen" in Anlagen nichts verloren. Also verbleibt es dem Maschinen- bzw. Anlagenbauer, basierend auf seiner Systemkenntnis mit der Unterstützung durch einen EMV-Berater oder EMV-Planer, die angemessenen Maßnahmen zu treffen und sich von der Einhaltung der Schutzanforderungen zu überzeugen. Mögliche Vorgehensweisen werden nachfolgend aufgezeigt und diskutiert und können als Anregung für die Normengremien dienen.

9.2 Typprüffähige Maschinen

Auf üblichen normgerechten Meßplätzen können Maschinen mit einem Gewicht bis zu 3 bis 4 t und einer max. Länge von 5 bis 6 m untergebracht werden. D. h. die Typprüfung solcher Maschinen kann, soweit ein sinnvoller Betrieb möglich ist, auf einem Meßplatz nach den Fachgrundnormen erfolgen. Wenn Maschinen auch an das öffentliche Niederspannungsnetz angeschlossen werden können, so müssen von diesen die Emissions-Grenzwerte nach EN50081-1 erfüllt werden.

Damit obige Anforderungen ohne erheblichen Zusatzaufwand erreicht werden können, empfiehlt es sich, Zukaufteile bzgl. der EMV zu spezifizieren. Komponenten an bzw. für externe Schnittstellen sollten mindestens wie die Maschine spezifiziert werden. Basierend auf den Typprüferfahrungen können dann künftig Erleichterungen akzeptiert werden oder es sind schärfere Grenzwertforderungen an die Zukaufteile zu stellen. Nach erfolgreicher Typprüfung stellt der Maschinenbauer für sein Produkt, die Maschine, die EG-Konformitätserklärung nach der EMV-Richtlinie aus und bringt die CE-Kennzeichnung an. Die Anforderungen der Maschinen-Richtlinie und der Niederspannungsrichtlinie sind ebenfalls zu erfüllen.

9.3 Nicht-typprüffähige Maschinen

Maschinen ab einer bestimmten Größe oder einem bestimmten Gewicht können auf üblichen Meßplätzen nicht installiert werden. Oft ist auch ein sinnvoller

Betrieb nicht möglich. Dies gilt in der Regel für Maschinen, die schwerer als 3 bis 4 t oder länger als 5 – 6 m sind.

Die Kriterien sind also:

▷ Abmessungen größer 5 bis 6 m
▷ Gewicht höher als 3 bis 4 t
▷ Betrieb auf Meßplatz nicht möglich
▷ unangemessen hohe Prüfkosten

Der Kostenvergleich mit den nachfolgend beschriebenen Wegen sei hier bewußt angesprochen, denn zu den reinen Kosten des Prüflabors kommen ja noch die Transportkosten und die Kosten für den Auf- und Abbau sowie die Inbetriebsetzung der Maschine im Prüflabor.

Wurde eine Maschine als nicht typprüffähig klassifiziert, sind abhängig von den weiteren Gegebenheiten die unter 9.1 als Wege B bis F aufgeführten Prüfungen für die Konformitätsbewertung auszuwählen.

9.3.1 Komplette E-Ausrüstung ist typprüffähig

Typprüfung der kompletten E-Ausrüstung (elektrotechnische Ausrüstung) im Prüflabor als eine Einheit unter Simulation bestimmter Funktionen. Im folgenden sind einige Vorschläge aufgeführt, die basierend auf künftigen Erfahrungen detailliert bzw.. modifiziert werden sollten.

Leitungen, die zu externen Schnittstellen führen (Netz, Steuerung, Anzeigen usw.) sind wie die Maschine zu spezifizieren.

Leitungen, die innerhalb der Maschine verlegt werden
▷ sind zu schirmen
▷ sollten auf dem Schirm wie die Maschine spezifiziert werden

Desweiteren sind Aufbaurichtlinien für die Maschine zu erstellen, eine Sichtkontrolle durchzuführen und bestimmte, ausgewählte Prüfungen an der fertigen Maschine zu wiederholen.

9.3.2 Typprüfung von Komponenten

Werden die Komponenten vom Maschinenbauer einzeln eingekauft und von ihm in die Maschine eingebaut, so kann für die komplette E-Ausrüstung nach 9.3.1 verfahren werden.

Kann die komplette E-Ausrüstung keiner Typprüfung unterzogen werden, sollten die Komponenten entsprechend spezifiziert eingekauft werden. Damit die Schutzanforderungen von der fertigen Maschine eingehalten werden, empfiehlt es sich, die Komponenten schärfer zu spezifizieren als die Maschine.

Beispiel
Maschinen- und schaltschrankinterne Schnittstellen wie die Maschine spezifizieren. Spätere externe Schnitttellen eine Klasse schärfer als die Maschine

spezifizieren. Es stellt sich dabei aber die Frage nach den Kosten bzw. der Verfügbarkeit solcher Komponenten.

Desweiteren sind Aufbaurichtlinien zu erstellen, Sichtkontrollen durchzuführen und es ist ein Prüfplan zu erstellen, in dem festgelegt wird, welche Prüfungen an der fertigen Maschine wo und wann durchgeführt werden.

9.4 Typenvielfalt

Ausschlaggebend für die EMV sind die E-Ausrüstung und der Aufbau.

A) Unterscheiden sich die Maschinen bei identischem Aufbau der E-Ausrüstung nur in der Mechanik, so sollte die Prüfung bzw. Konformitätsbewertung für die Typenreihe gelten.

B) Ist die E-Ausrüstung unterschiedlich, muß für jeden Maschinentyp nach 9.2 oder 9.3 verfahren werden.

9.5 Änderungen, Zusätze, Erweiterungen

Werden Änderungen an einer Maschine durchgefaührt, so handelt es sich aus Sicht der EMV um eine andere Maschine, die für sich einer erneuten Prüfung unterzogen werden muß.

Folgende Vorgehensweise sollte etabliert werden:

▷ Halten Zusätze, Erweiterungen oder Änderungen von typgprüften Maschinen für sich die Grenzwertklasse B ein und werden die Aufbaurichtlinien berücksichtigt, sind die Änderungen lediglich zu dokumentieren. Eine Wiederholung der Typprüfung ist auch nicht notwendig, wenn die Störfestigkeitsanforderungen der Maschine von den intern zu verlegenden Leitungen eingehalten werden und die externen Schnittstellen eine Klasse schärfer als die Maschine spezifiziert sind.

▷ Für nicht typgeprüfte Maschinen ist nach 9.3.2 vorzugehen.

9.6 Prüfmatrix

Die in Tabelle 19 aufgeführten Prüfungen stehen heute noch nicht alle im normativen Teil der Fachgrundnormen, aber es ist damit zu rechnen, daß auch diese zukünftig gefordert werden.

Die Schnittstellen der Maschine zur Umgebung sind die für die Typprüfung relevanten Meßpunkte. Die Realisierung der internen EMV ist eine vom Gesetzgeber nicht reglementierte Selbstverständlichkeit. Wie die interne EMV erreicht wird, auf welchem Weg, mit welchen Maßnahmen, bleibt dem Hersteller der Maschine überlassen; denn eine Maschine, die sich in ihrer Funktion selbst stört, wird die Funktionsprüfung nicht bestehen. Soll die Maschine typ-

Tabelle 19 EMV-Prüfmatrix

Legende:
- ▲ (oberes Dreieck) = Maschine typprüffähig
- ▼ (unteres Dreieck) = Komponente typprüffähig
- ✕ (beide / volles Kreuz) = E-Ausrüstung typprüffähig

	Netzrück-wirkungen IEC 1000-3-X	Funkstör-spannung CISPR 11	Funkstör-feldstärke CISPR 11	ESD IEC 1000-4-2	Feld IEC 1000-4-3	Burst IEC 1000-4-4	Surge IEC 1000-4-5	HF-Sinus ENV 50141	Spannungs-einbrüche IEC 1000-4-11	50 Hz-H-Feld IEC 1000-4-8
Komplette Maschine				▲¹						▲
Netz Maschine	▲	▲¹				▲	▲	▲	▲	
Schaltschrank	✕	✕	✕	✕	✕				✕	
Netz-Schaltschrank	✕					✕	✕	✕	✕	
Komponenten E-Ausrüstung		▼	▼	▼	▼	▼	▼	▼	▼	
Netz-Komponenten	▼					▼	▼	▼	▼	
maschineninterne MSR-Leitung						▼				
schaltschrankinterne MSR-Leitung						▼	▼			
externe MSR-Leitung <100 m						▼	▼³	▼		
externe MSR-Leitung >100 m						▼	▼³	▼		
Monitore										▼

1 = Prüfung am Aufstellungsort nach EN 50011
2 = Zusätzliche Prüfung am Aufstellungsort oder Funkhausprüffeld
3 = Wie 2 für Netz und externe Leitungen

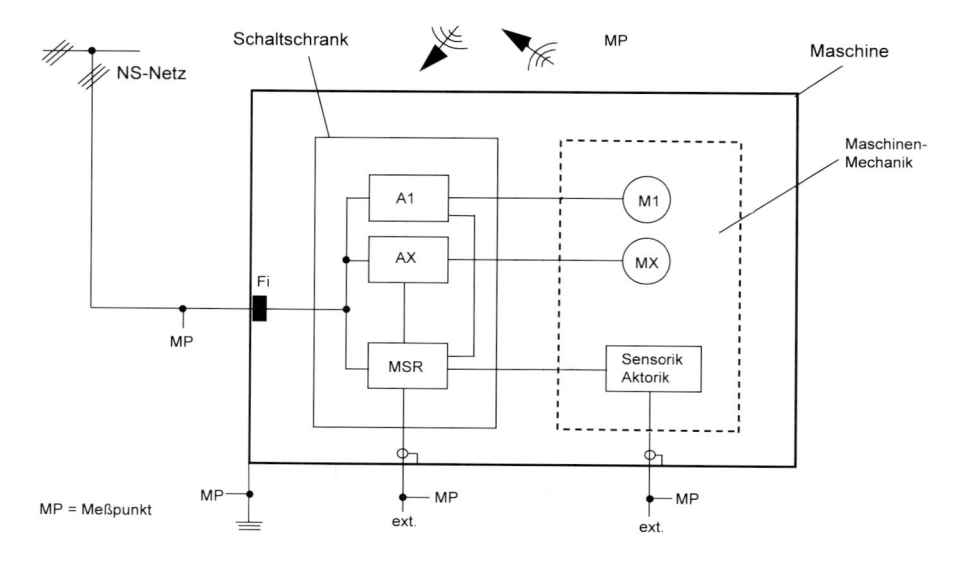

Bild 14 Typprüffähige Maschine, CE-Kennzeichnung

geprüft und mit der CE-Kennzeichnung versehen werden, sind die normativen Anforderungen zu erfüllen oder der Weg über eine Zuständige Stelle zu beschreiben. Die Meßpunkte sind in Bild 14 mit MP gekennzeichnet und die Prüfungen in der Prüfmatrix jeweils im oberen Dreieck markiert.

Wählt man für eine nicht typprüffähige Maschine den im EMVG vorgesehenen Weg über die Anlage, die erst am Betriebsort zusammengebaut wird, braucht an diese Maschine bzgl. EMV keine CE-Kennzeichnung angebracht und keine Konformitätserklärung ausgestellt werden, aber die in Kapitel 6.1 angegebenen Schutzanforderungen sind von der betriebsbereiten Maschine einzuhalten. (Vorsicht, diese Regelung steht heute nur im EMVG.)

Wie kann die Einhaltung der Schutzanforderungen am Betriebsort der Maschine nachgewiesen werden?

Bzgl. der Funk-Entstörung ist das erprobte Verfahren in VDE 0875 Teil 11 (EN 55011, CISPR 11) aufgezeigt. Diese Vorgehensweise soll durch Umsetzung der prEN 50217 verallgemeinert werden. Sicher kann auch der seit Jahrzehnten erfolgreich praktizierte Weg nach VDE 0875 Teil 3 weiterhin mit in Betracht gezogen werden, obwohl dieser Teil zurückgezogen wurde, da er europäisch und international keine Mehrheit fand. Daraus folgt, daß nach den in 9.3 beschriebenen Wegen die Spezifikation der Komponenten oder auch der gesamten E-Ausrüstung von den in der Fachgrundnorm geforderten Grenzwerten abweichen kann, wenn die Schutzanforderungen von der Anlage eingehalten

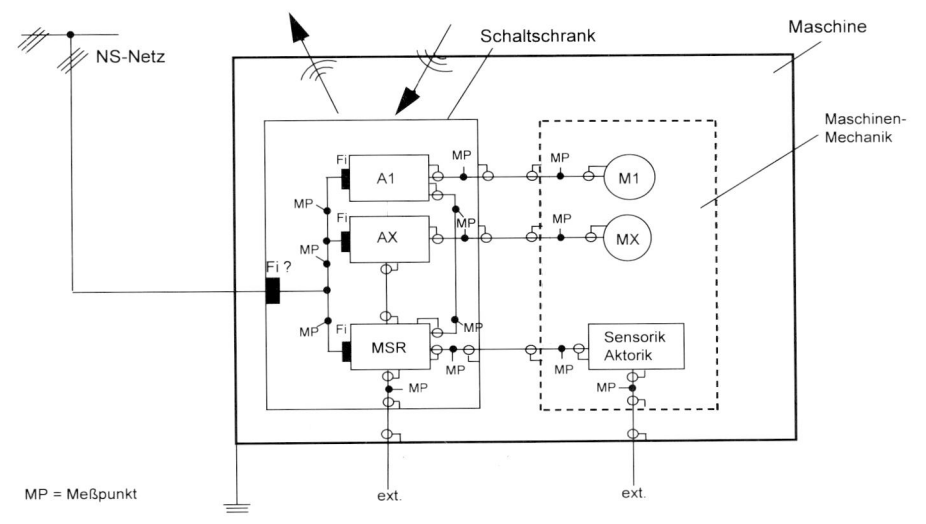

Bild 15
Nicht-typprüffähige Maschine: nur Komponenten typprüffähig; Komponenten werden vom Maschinenbauer eingebaut

werden. Diese Komponenten dürfen dann nach EMVG nicht mit der CE-Kennzeichnung versehen werden und somit darf auch keine Konformitätserklärung vom Komponentenhersteller ausgestellt werden. Allerdings dürfen diese Komponenten nur an Weiterverarbeiter vertrieben werden.

In Bezug auf die Störfestigkeit sollten gegenüber den Anforderungen der Fachgrundnormen nur in begründeten, auf Erfahrungen und Analysen basierten Ausnahmen Erleichterungen zugestanden werden. Da es sich bei den Fachgrundnormen um grundlegende Anforderungen handelt, können spezielle Einsatzbedingungen für einzelne Phänomene auch höhere Störfestigkeitsgrenzwerte erfordern.

Unabhängig von der Auswahl der Grenzwerte zeigen die Bilder 14 und 15 und die Prüfmatrix in Tabelle 19 die Meßpunkte bei den verschiedenen Vorgehensweisen.

Dokumentiert der Hersteller einer nicht typprüffähigen Maschine alle diese Überlegungen, die Spezifikation der Komponenten, die Aufbaurichtlinien, das Ergebnis der Sichtprüfungen und der ausgewählten Prüfungen in einem sog. EMV-Plan, so kann er nachweisen, daß er nicht leichtfertig oder fahrlässig gehandelt und den Schutzanforderungen Rechnung getragen hat.

Kommt es dann in Ausnahmefällen trotzdem noch zu Störfällen, so sind diese zu beseitigen.

9.7 Grundsätzliches

Die in 9.3 bis 9.6 beschriebenen Wege sind heute noch nicht normativ geregelt. Diese oder ähnliche Vorgehensweisen sollten normativ geregelt und die Normen im Amtsblatt der EG unter der EMV-Richtlinie gelistet werden.

9.8 Konformitätserklärung

Nach der Maschinenrichtlinie kann, bis auf wenige Ausnahmen, erst die komplette betriebsfertige Maschine dem Konformitätsbewertungsverfahren unterzogen werden. Erst danach darf bzw. muß der Hersteller die EG-Konformitätserklärung ausstellen und die CE-Kennzeichnung anbringen. Somit dürfen, bis auf die oben angesprochenen Ausnahmen, Maschinenkomponenten, Zulieferteile für Maschinen usw. nach der Maschinenrichtlinie nicht mit der CE-Kennzeichnung versehen werden und es darf auch keine EG-Konformitätserklärung bzgl. Maschinenrichtlinie ausgestellt werden. Damit der Hersteller der Maschine aber unbehelligt mit Maschinenkomponenten beliefert werden kann, fordert die Maschinenrichtlinie von dem Hersteller der Maschinenkomponenten die sogenannte Herstellererklärung, die in der Maschinenrichtlinie „Erklärung des Herstellers" genannt ist. Diese Erklärung des Komponentenherstellers muß nach Anhang II der Maschinenrichtlinie den Hinweis darauf enthalten, daß die Inbetriebnahme dieser Maschinenteile so lange untersagt ist, bis festgestellt wurde, daß die Maschine, in die diese Teile eingebaut werden sollen, den Bedingungen der Maschinenrichtlinie entspricht. Soweit ein kleiner Ausflug in die Maschinenrichtlinie. Für die EMV-Richtlinie gelten die Aussagen von Kapitel 6.

10 Zusammenfassung

Der Europäische Binnenmarkt verlangt die Anwendung einheitlicher technischer Regeln in den Mitgliedstaaten der EU oder anderen Vertragsstaaten des Abkommens über den Europäischen Wirtschaftsraum. Dazu dienen technische Harmonisierungsrichtlinien. Eine von vielen Richtlinien ist die EMV-Richtlinie.

Die EMV-Richtlinie gilt seit 1. Januar 1992

Das EMV-Gesetz gilt seit Freitag, den 13. November 1992

Die Übergangsfrist endete am 31. Dezember 1995

Seit 1. Januar 1996 müssen elektrische und elektronische Produkte, die auf dem Binnenmarkt in Verkehr gebracht werden, mit der CE-Kennzeichnung versehen sein.

Die technischen Anforderungen stehen in den harmonisierten Europanormen, die im Amtsblatt der EG veröffentlicht werden

Gegenüber dem HFrG neu ist die gesetzliche Forderung zur Störfestigkeit und zur Begrenzung von Emissionen im NF-Bereich

Weitere Richtlinien sind zu beachten

Silvester 1995 wurde bereits gefeiert

11 Adressenliste

Im folgenden sind einige dem Autor bekannte Adressen deutscher Stellen aufgelistet.

11.1 Zuständige Behörde

Die zuständige Behörde ist ein Verwaltungsorgan des jeweiligen Mitgliedstaates und hat die Aufgabe, die ihr übertragenen Verpflichtungen der Marktkontrolle zu erfüllen. Jeder Mitgliedstaat meldet die zuständigen Behörden der Kommission sowie den anderen Mitgliedstaaten [21].

Die deutsche zuständige Behörde ist das

Bundesamt für Post und
Telekommunikation (BAPT)
Postfach 8001
55003 Mainz

11.2 Benannte Stelle

Die benannte Stelle ist die Stelle, die EG-Baumusterbescheinigungen im Sinne § 5 Abs. 4 des EMVG über die Einhaltung der Schutzanforderungen ausstellt. Die Stelle muß von der zuständigen Behörde oder einer anderen dazu ermächtigten Stelle eines Mitgliedstaates der EU oder eines anderen Vertragsstaates des EWR anerkannt und der Kommission der EG sowie den anderen Staaten durch den betreffenden Staat benannt sein [32].

Einzige benannte Stelle in Deutschland ist das

Bundesamt für Zulassungen
in der Telekommunikation (BZT)
Postfach 100 443
66004 Saarbrücken

11.3 Zuständige Stellen in Deutschland

Die zuständige Stelle ist die Stelle, die technische Berichte oder Bescheinigungen im Sinne des § 5 Abs. 2 des EMVG über die Einhaltung der Schutzanforderungen anerkennt oder ausfertigt. Sie muß vom BAPT oder einer anderen dazu ermächtigten Stelle eines Mitgliedstaates der EU oder eines anderen Staates des EWR anerkannt sein [32].

Die deutschen Zuständigen Stellen werden vom BAPT in Anlehnung an EN 45011 akkreditiert.

Die bis 11/95 akkreditierten deutschen Zuständigen Stellen sind nachfolgend aufgelistet.

Bundesamt für Zulassungen
in der Telekommunikation (BZT)
Postfach 10 04 43
66004 Saarbrücken

CETECOM
Certification and Testing in
Communications GmbH
Im Teelbruch 122
45219 Essen

DEKRA Certification Services –
DCS
Schulze-Delitzsch-Straße 49
70565 Stuttgart

DST
Deutsche System-Technik GmbH
Edisonstraße 3
24145 Kiel

EURO EMC SERVICE (EES)
Dr. Hansen GmbH
Potsdamer Straße 18 A (TZT)
14513 Teltow

Ingenieurbüro Dr. Rašek
Moggast
91320 Ebermannstadt

J. Schmitz GmbH
Chiemseestraße 21
83022 Rosenheim

LGA
Abteilung Elektro-, Medizin- und
Anlagentechnik, EMV-Prüfzentrum
Tillystraße 2
90431 Nürnberg

MEB MESSELEKTRONIK
BERLIN
Zuständige Stelle
Landsberger Allee 399
12681 Berlin

PHOENIX EMV-TEST GmbH
Zuständige Stelle
Königswinkel 10
32825 Blomberg

Siemens AG
ZFE GR TN ZS
Postfach 3220
91050 Erlangen

SLG
Prüf- und Zertifizierungs GmbH
Postfach 421
09004 Chemnitz

SONY Deutschland GmbH
Product Compliance Europe
Stuttgarter Straße 106
70736 Fellbach

Telekom Logistikzentrum
Zentrallabor EMV
Sonnenschein 38
48565 Steinfurt

TÜV Product Service GmbH
Ridlerstraße 31
80339 München

TÜV Rheinland
Sicherheit u. Umweltschutz GmbH
Am grauen Stein
51105 Köln

TÜV Südwestdeutschland e.V.
Dudenstraße 28
68167 Mannheim

VDE Prüf- und
Zertifizierungsinstitut
Merianstraße 28
63069 Offenbach

VOLKSWAGEN AG
Technische Entwicklung
EEVZ (EMV-Zentrum)
Brieffach 1732/0
38438 Wolfsburg

ZAM e.V.
Anwenderzentrum Memmingen
In der Neuen Welt 10
87700 Memmingen

Literaturverzeichnis

[1] J. Rüsch
Zertifizierung im EG-Binnenmarkt; etz, Bd 114 (1993) Heft 13, Seite 838 bis 839

[2] Entschließung des Rates vom 7. Mai 1985 über eine neue Konzeption auf dem Gebiet der technischen Harmonisierung und der Normung (85/C136/01)
ABl der EG, NrC136, 4.6.85, Seite 1 bis 9

[3] Entschließung des Rates vom 21. Dezember 1989 zu einem Gesamtkonzept für die Konformitätsbewertung. (90/C 10/01)
ABl der EG Nr. C10 vom 16.01.1990, Seite 1 bis 2

[4] Beschluß des Rates vom 22. Juli 1993 über die in den technischen Harmonisierungsrichtlinien zu verwendenden Module für die verschiedenen Phasen der Konformitätsbewertungsverfahren und die Regeln für die Anbringung und Verwendung der CE-Konformitätskennzeichnung. (93/465/EWG)
ABl. d. EG, Nr. L220 vom 30.08.1993, Seite 23 bis 39

[5] Richtlinie 94/9/EG des Europäischen Parlaments und des Rates vom 23. März 1994 zur Angleichung der Rechtsvorschriften der Mitgliedstaaten für Geräte und Schutzsysteme zur bestimmungsgemäßen Verwendung in explosionsgefährdeten Bereichen;
ABl der EG Nr. L100 vom 19.04.1994, Seite 1 bis 29

[6] O. Piller
Das Ende des Zertifikatenwirrwarrs; Technische Rundschau 9/91, Seite 42 bis 46

[7] Richtlinie 93/68/EWG des Rates vom 22. Juli 1993,
Amtsblatt der Europäischen Gemeinschaften, Nr. L220/1–22 vom 30.08.1993

[8] Gesetz über die elektromagnetische Verträglichkeit (EMVG) vom 9. November 1992.
Bonn: Bundesgesetzblatt, Jahrgang 1992, Teil 1, Nr. 52, S. 1964 bis 1870

[9] Richtlinie des Rates vom 03.05.1989 zur Angleichung der Rechtsvorschriften der Mitgliedstaaten über die Elektromagnetische Verträglichkeit (89/336/EWG)
Brüssel: Amtsblatt der Europäischen Gemeinschaften Nr. L139/19 vom 23.05.1989

[10] Richtlinie 92/31/EWG des Rates vom 28. April 1992 zur Änderung der Richtlinie 89/336/EWG zur Angleichung der Rechtsvorschriften der Mitgliedstaaten über die elektromagnetische Verträglichkeit.
Brüssel: Amtsblatt der Europäischen Gemeinschaften Nr. 126/11 vom 12. Mai 1992

[11] DIN EN 45014, Mai 1990: Allgemeine Kriterien für Konformitätserklärungen von Anbietern, EN 45014: 1989,
Beuth Verlag, Berlin

[12] Erläuterndes Dokument zu Richtlinie 89/336/EWG des Rates vom 03. Mai 1989 zur Angleichung der Rechtsvorschriften der Mitgliedstaaten über die elektromagnetische Verträglichkeit;
Brüssel, den 22.10.1991, III/4060/91-DE 1., Kommission der EUROPÄISCHEN GEMEINSCHAFTEN, Generaldirektion, Binnenmarkt und gewerbliche Wirtschaft, III/D/4.

[13] Leitfaden zur Anwendung der Richtlinie 89/336/EWG des Rates vom 03. Mai 1989 zur Angleichung der Rechtsvorschriften der Mitgliedstaaten über die elektromagnetische Verträglichkeit;
Brüssel, den 15.02.1993, III/4060/91-DE Rev. 1., Kommission der EUROPÄISCHEN GEMEINSCHAFTEN, Generaldirektion, Binnenmarkt und gewerbliche Wirtschaft, III/0/4.

[14] EG-BINNENMARKT '93, Technische Harmonisierung; Sammlung der EG-Richtlinie nach der neuen Konzeption, Sept. 1993; ZVEI, Frankfurt a. Main

[15] H. Berghaus; D. Langer
Das CE-Kennzeichen; Richtlinientexte-Fundstellen der harmonisierten Normen-Zertifizierungsverfahren-Prüfstellen;
Carl Hauser Verlag München Wien, ISBN 3-446-17671-3

[16] Beilage zu den ZVEI-Mitteilungen 3/93;
CE-Kennzeichnung, Informationsstand Januar 1993

[17] R. Coray; T. Aebi
Die Richtlinie zur elektromagnetischen Verträglichkeit (EMV-Richtlinie), Teil 2;
Technische Mitteilungen PTT 7/1993, Seite 348 bis 353

[18] DIN EN 45011; Mai 1990: Allgemeine Kriterien für Stellen die Produkte zertifizieren, EN 45011: 1989;
Beuth Verlag Berlin

[19] DIN EN 45001, Mai 1990: Allgemeine Kriterien zum Betrieb von Prüflaboratorien, EN 45001: 1989;
Beuth Verlag Berlin

[20] Statutory Instruments; 1992 No 2372;
Electromagnetic Compatibility;
The Electromagnetic Compatibility Regulations 1992; London: HMSO

[21] Leitfaden zur Anwendung der Richtlinie 89/336/EWG,
Brüssel, 25. bis 26. Oktober 1993

[22] Arbeitspapier; Interpretation bestimmter, in den nach dem neuen Konzept verfaßten Richtlinien benutzter Begriffe;
Brüssel den 28.03.1990; Generaldirektion III/B/3

[23] CENELEC; TC/SC WG Memento; Issue II, May 1994, Bruxelles

[24] Strategy policy statement of TC 110 and SC 110A; Standing CENELEC Document; CLC (PERM) 008, Edition December 1992

[25] IEC 1000-4-1; 1992; EMC; Part 4: Testing and measuring techniques; Section 1: Overview over immunity tests, Basic EMC Publication

[26] CLC/BT (SG) 2285, June 1994, CENELEC programme of work for EMC product standards

[27] Vfg. 99/1995, Gesetz über die elektromagnetische Verträglichkeit von Geräten (EMVG); Veröffentlichung der Titel und Referenzen von DIN VDE Normen, Amtsblatt des BMPT, Nr. 8, Jahrgang 1995, Seite 546 bis 551

[28] Guidance on how to use the standards for the implementation of the EMC Directive; Standing CENELEC Document CLC (PERM) 009, Edition Dec. 1992

[29] Kundeninformation; Merkblatt der „Zuständigen Stelle" ZFE GR TN ZS der Siemens AG

[30] EMV-Zentrum Erlangen im Interview; Sonderdruck aus EMV Journal 1/94, Siemens AG, AUT GT 25, Erlangen; Bestell-Nr. E80001-V962-A20

[31] Elektromagnetische Verträglichkeit; Sind Ihre Produkte für Europa gerüstet? Siemens AG, AUT GT 25, Erlangen; Bestell-Nr. E80001-V962-A19

[32] Erstes Gesetz zur Änderung des Gesetzes über die elektromagnetische Verträglichkeit von Geräten (1. EMVG ÄndG); Bundesgesetzblatt Teil I; Z5702, 1995, Nr. 47; 8. Sept. 1995; Seite 114−115, Bonn

[33] Leitfaden für die Anwendung der nach dem Neuen Konzept und dem Gesamtkonzept verfaßten Gemeinschaftsrichtlinien zur technischen Harmonisierung, Erste Fassung, 1994, ISBN 92-826-8582-9; Luxemburg: Amt für amtliche Veröffentlichungen der Europäischen Gemeinschaften.

[34] Abl. Nr. C241 vom 16.9.95 (95/C241/02), Seite C241/2 und 3

[35] Vorläufige Tagesordnung der Regierungssachverständigen über die Anwendung der Richtlinie 89/336/EWG über die EMV am 20. und 21. Nov. 1995; Europäische Kommission GD III, Industrie, Brüssel, den 15.09.1995

Stichwortverzeichnis

Akkreditierung, 9, 14, 22
Altprodukt 36, 37
Anlage 39, 41, 43
Amtsblatt 54

BAPT 30, 32, 33, 35, 40
Basic Standard 44, 45
Baumusterprüfbescheinigung 16, 17
Baumusterprüfung 16, 17, 32
Bedienungsanleitung 48
benannte Stelle 16, 17, 18, 30
Betriebserlaubnis 36
Bescheinigung 30, 31, 32
Bewertungskriterium 50
Binnenmarkt 9, 24
BMPT 33, 36, 40, 42
BZT 30, 32

CE 15, 25
CE-Kennzeichnung 14, 15, 16, 17, 18, 25, 48
CE-Konformitätskennzeichnung 14, 25
CEN 11
CENELEC 11, 44, 45
CISPR 45
Competent body 30

Dienstleistung 64
DKE 13
d o a 13
d o p 13
d o w 13

EG-Baumusterprüfbescheinigung 16, 17
EG-Baumusterprüfung 16, 17
EG-Konformitätsbescheinigung 18
EG-Konformitätserklärung 16, 25, 28, 29
EG-Richtlinie 9
EG-Überwachung 17, 18
Einzelgenehmigung 42
Einzelprüfung 18

Emission 48
Empfehlung 10
EMV-Gesetz 24, 33, 39
EMV-Richtlinie 24, 27
EN 12
EN 29000 14
EN 45000 14, 22, 23, 33
EN 50081 48 ff.
EN 50082 48 ff.
Entscheidung 10
ETSI 11, 12
Europa-Norm 12, 44 ff.

Fachgrundnorm 46
Fertigungskontrolle 16
Fundstelle 25

Generic Standard 44, 46, 48
Geschäftsbereich 46 ff.
Gewerbebereich 46 ff.
Global Approach 14
Grundnorm 45

Handelshemmnisse 9, 11
Harmonisierung 9, 11
Harmonisierungsrichtlinie 20
Hersteller 27, 30, 38
Herstellererklärung 76

IEC 45
IEC 1000-X-Y 56 ff.
Immunität 46
Industriebereich 46, 51
Inverkehrbringen 36, 37
Investitionen 62

juristische Person 14

Kleinbetrieb 46 ff.
Konformitätsbescheinigung 18
Konformitätsbewertungsverfahren 9, 15, 16, 17, 27
Konformitätserklärung 16, 17, 18

Mandat 12
Marktüberwachung 35
Maschinen 69

Merkblatt 33, 34
Mißbrauch 15
Modul 16 ff.
Modul-Beschluß 14 ff.

Neue Konzeption 9, 11, 20
New Approach 9, 11, 20
Normen 44 ff.
Normenharmonisierung 11
notified body 30
NSR 20, 21

Ordnungswidrigkeit 36

Produktfamiliennorm 54
Produktionsphase 16, 17, 18
Produktkosten 61
Produktnorm 54
Produktplanung 60
Prüfbericht 30
Prüflaboratorium 22, 23

QS-System 17, 18, 19, 26
Qualitätssicherung 17

Rechtsakte 9
Rechtsangleichung 11
Richtlinie 9

Schutzanforderung 9, 24
Selbstzertifizierung 26
Sendefunkgerät 27
Sperrminorität 12
Störfestigkeitsprüfung 47

TC 110 45
TCFR 30
Technische Harmonisierungsrichtlinie 20

Übergangsfrist 37

Verordnung 9

Wohnbereich 46 ff.

Zertifizierung 9, 14, 22
Zuständige Behörde 30
Zuständige Stelle 30 ff.
ZVEI 21